温州三垟湿地丛书

三垟湿地植物图鉴

吴棣飞　占长胜　吴锋　潘泰妙　主编

中国林业出版社
China Forestry Publishing House

图书在版编目（CIP）数据

三垟湿地植物图鉴 / 吴棣飞等主编. -- 北京 : 中国林业出版社, 2023.12

（温州三垟湿地丛书）

ISBN 978-7-5219-2589-0

Ⅰ.①三… Ⅱ.①吴… Ⅲ.①沼泽化地—植物—温州—图集 Ⅳ.①Q948.525.53-64

中国国家版本馆CIP数据核字(2024)第026483号

策划编辑：肖　静
责任编辑：袁丽莉　肖　静
装帧设计：北京八度出版服务机构
———————————————
出版发行：中国林业出版社
　　　　　（100009，北京市西城区刘海胡同7号，电话 83143577）
电子邮箱：cfphzbs@163.com
网　址：www.forestry.gov.cn/lycb.html
印　刷：河北京平诚乾印刷有限公司
版　次：2023年12月第1版
印　次：2023年12月第1次
开　本：787mm×1092mm　1/16
印　张：17.5
字　数：168千字
定　价：128.00元

"温州三垟湿地丛书"编辑委员会

丛书总主编：陈朝明
丛书副总主编：朱汝东　董群策　李显淼　傅静刚

《三垟湿地植物图鉴》编辑委员会

主　　编：吴棣飞　占长胜　吴　锋　潘泰妙
副 主 编：黄启迪　徐贤锐　林晓南　周显芦
编　　委：林　枫　叶际库　杨芳芳　李成好　李思嘉　金桂宏　蔡晓洁　董茵子
摄　　影：吴棣飞　金桂宏　蔡晓洁

编写单位：
温州生态园管理委员会
温州生态园开发建设投资集团有限公司
温州市鹿城区园林绿化管理中心
浙江原野建设有限公司

序言

温州地处东海之滨，依山傍水，气候宜人，素有"东瓯山水甲江南"的美誉，是典型的江南水网城市。三垟湿地位于浙江省温州市瓯海区三垟街道，东邻温州龙湾区、高新区（经开区），南连瓯海区茶山街道、南白象街道，西北连接瓯海区梧田街道和温州城市中心区，是温州生态园的重要组成部分，以"垟漂海面，云游水中"的浙南水网特殊地貌而闻名，有城市"绿肾"的美称。湿地面积约$10.67km^2$，河流纵横交织，形成了161个大小不等、形状各异的"小岛屿"，是温州市内保持最完整的水网湿地，被誉为"浙南威尼斯"，具有调节气候、净化水质、保护生物多样性等功能。湿地内自然风光秀丽，生态系统独特，特色物产丰富，自古盛产瓯柑、菱角和水稻（至今仍有"三垟三宝"之说）。

改革开放以来，温州民营经济蓬勃发展，三垟湿地内也迅速涌现了一批以小作坊为主的私营企业。因缺乏超前的管理理念，以及受限于当时的管理水平，湿地内生态环境污染严重，极大影响了经济社会发展和市民日常生活。为保护好、利用好城市"绿肾"，2004年温州市委市政府专门成立温州生态园管理委员会，全面加强三垟湿地保护与建设。自机构成立以来，温州生态园管理委员会始终牢记习近平总书记寄语温州生态园的殷殷嘱托，坚持"绿水青山就是金山银山"的发展理念，对三垟湿地实施"在保护中建设、在建设中保护"。经过多年努力，三垟湿

地整体环境持续向好、生态本底明显提升,"烟水无迹""鸥鹭翔集"的大泽气象正在展现,人与自然和谐共存图景得到初步实现。

古人云,盛世修书。生态文明建设功在当代、利在千秋。此次温州生态园管理委员会组织相关领域专家,开展"温州三垟湿地丛书"的编写,目的就是为了秉承绿色发展理念,弘扬生态文明思想,开展湿地自然科普教育,从而更好地保护湿地的生物多样性、生态系统多样性、文化多样性。

本卷《三垟湿地植物图鉴》是此套丛书的开篇之作。在编写过程中通过调查发现,三垟湿地维管束植物相较生态园建设初期增加了530余种,达到690种,植物多样性得到显著提升。本卷编辑委员会在翔实的调查基础上,精选200余种具有湿地特色、反映湿地面貌的植物,均配以精美的花、果、生境图片,为相关湿地建设与保护单位、院校学生、广大植物爱好者提供有益参考。

温州生态园管理委员会今后仍会持之以恒加强生态治理,保护好、建设好城市"绿肾",全面助力生态园打造"望山、见水、记乡愁"的人文精神地标。

陈东明

2023年8月1日

目 录

序 言

1 蕨类植物门
PTERIDOPHYTA

- 002 骨碎补科（Davalliaceae）
- 003 槲蕨科（Drynariaceae）
- 004 海金沙科（Lygodiaceae）
- 005 桫椤科（Cyatheaceae）
- 007 凤尾蕨科（Pteridaceae）

2 裸子植物门
GYMNOSPERMAE

- 010 苏铁科（Cycadaceae）
- 011 银杏科（Ginkgoaceae）
- 013 南洋杉科（Araucariaceae）
- 016 松科（Pinaceae）
- 026 杉科（Taxodiaceae）
- 028 柏科（Cupressaceae）
- 029 罗汉松科（Podocarpaceae）
- 031 红豆杉科（Taxaceae）

3 被子植物门
ANGIOSPERMAE

3.1 双子叶植物纲（Dicotyledoneae）

- 035 三白草科（Saururaceae）
- 037 杨柳科（Salicaceae）
- 038 杨梅科（Myricaceae）
- 040 胡桃科（Juglandaceae）
- 042 壳斗科（Fagaceae）
- 043 榆科（Ulmaceae）

046	桑科（Moraceae）	138	冬青科（Aquifoliaceae）
053	荨麻科（Urticaceae）	140	槭树科（Aceraceae）
054	山龙眼科（Proteaceae）	143	无患子科（Sapindaceae）
055	蓼科（Polygonaceae）	146	凤仙花科（Balsaminaceae）
059	藜科（Chenopodiaceae）	147	鼠李科（Rhamnaceae）
060	苋科（Amaranthaceae）	148	葡萄科（Vitaceae）
062	紫茉莉科（Nyctaginaceae）	150	杜英科（Elaeocarpaceae）
064	马齿苋科（Portulacaceae）	152	椴树科（Tiliaceae）
066	石竹科（Caryophyllaceae）	153	锦葵科（Malvaceae）
067	睡莲科（Nymphaeaceae）	156	梧桐科（Sterculiaceae）
071	毛茛科（Ranunculaceae）	158	山茶科（Theaceae）
073	小檗科（Berberidaceae）	163	藤黄科（Guttiferae）
077	防己科（Menispermaceae）	164	堇菜科（Violaceae）
078	木兰科（Magnoliaceae）	166	瑞香科（Thymelaeaceae）
088	蜡梅科（Calycanthaceae）	167	千屈菜科（Lythraceae）
090	樟科（Lauraceae）	170	石榴科（Punicaceae）
092	十字花科（Brassicaceae）	171	蓝果树科（Nyssaceae）
093	金缕梅科（Hamamelidaceae）	172	桃金娘科（Myrtaceae）
098	蔷薇科（Rosaceae）	173	野牡丹科（Melastomataceae）
117	豆科（Leguminosae）	174	菱科（Trapaceae）
124	芸香科（Rutaceae）	175	柳叶菜科（Onagraceae）
127	楝科（Meliaceae）	177	小二仙草科（Haloragaceae）
129	大戟科（Euphorbiaceae）	178	五加科（Araliaceae）
136	漆树科（Anacardiaceae）	179	伞形科（Apiaceae）

- 180 杜鹃花科（Ericaceae）
- 182 紫金牛科（Myrsinaceae）
- 183 报春花科（Primulaceae）
- 184 柿树科（Ebenaceae）
- 186 木樨科（Oleaceae）
- 190 马钱科（Loganiaceae）
- 192 龙胆科（Gentianaceae）
- 193 夹竹桃科（Apocynaceae）
- 196 萝藦科（Asclepiadaceae）
- 197 旋花科（Convolvulaceae）
- 198 马鞭草科（Verbenaceae）
- 200 唇形科（Lamiaceae）
- 206 茄科（Solanaceae）
- 207 玄参科（Scrophulariaceae）
- 208 紫葳科（Bignoniaceae）
- 210 爵床科（Acanthaceae）
- 211 茜草科（Rubiaceae）
- 214 忍冬科（Caprifoliaceae）
- 215 败酱科（Valerianaceae）
- 216 葫芦科（Cucurbitaceae）
- 217 桔梗科（Campanulaceae）
- 218 菊科（Asteraceae）

3.2 单子叶植物纲（Monocotyledoneae）

- 222 香蒲科（Typhaceae）
- 224 眼子菜科（Potamogetonaceae）
- 225 泽泻科（Alismataceae）
- 226 禾本科（Poaceae）
- 236 莎草科（Cyperaceae）
- 238 棕榈科（Arecaceae）
- 239 菖蒲科（Acoraceae）
- 242 鸭跖草科（Commelinaceae）
- 243 雨久花科（Pontederiaceae）
- 244 灯芯草科（Juncaceae）
- 245 阿福花科（Asphodelaceae）
- 247 百合科（Liliaceae）
- 250 石蒜科（Amaryllidaceae）
- 256 鸢尾科（Iridaceae）
- 258 芭蕉科（Musaceae）
- 259 姜科（Zingiberaceae）
- 260 美人蕉科（Cannaceae）

中文名索引 ·············· 264

学名索引 ·············· 267

1 蕨类植物门

PTERIDOPHYTA

骨碎补科（Davalliaceae）

1 杯盖阴石蕨

学名: *Humata tyermanni*
科属: 骨碎补科骨碎补属
别名: 圆盖阴石蕨

形态: 根状茎长而横走，粗6～8mm，密被蓬松的鳞片。鳞片线状披针形，长约7mm，宽1mm，基部圆盾形，淡棕色，中部颜色略深。叶远生；柄长6～8cm；叶片长三角状卵形，长宽几相等，10～15cm，先端渐尖，基部心脏形，三至四回羽状深裂；羽片约10对，近互生至互生，斜向上，彼此密接。孢子囊群生于小脉顶端；囊群盖近圆形，全缘。

分布: 附生于大树树干上或岩石上。三垟湿地常见野生。

习性: 喜温暖湿润与阳光充足环境，也喜半阴，稍耐寒。栽培以腐殖质丰富的松鳞、椰糠为宜。

应用: 本种株形奇特，形体粗犷，可供栽培作小型盆栽观赏。根状茎可入药。

槲蕨科（Drynariaceae）
2 槲蕨

学名：*Drynaria roosii*
科属：槲蕨科槲蕨属

形态：螺旋状攀援。根状茎直径1～2cm。叶二型，基生不育叶圆形，基部心形，黄绿色或枯棕色，厚干膜质；正常能育叶叶柄长47cm，具明显的狭翅，叶片长20～45cm，宽10～15cm，深羽裂，裂片7～13对，互生，边缘有不明显的疏钝齿，顶端急尖或钝，叶脉两面均明显。孢子囊群圆形或椭圆形，叶片下面全部分布。

分布：附生树干或石上，偶生于墙缝。三垟湿地常见野生。

习性：喜温暖湿润与阳光充足环境，喜光，稍耐阴，不耐寒。

应用：本种的根状茎在许多地区作"骨碎补"用，补肾坚骨，活血止痛，治跌打损伤、腰膝酸痛。

海金沙科（Lygodiaceae）

3 海金沙

学名： *Lygodium japonicum*
科属： 海金沙科海金沙属
别名： 金沙藤、左转藤

形态： 多年生草质藤本，长1～5m。叶多数，对生于茎上的短枝两侧，二型，纸质；营养叶尖三角形，二回羽状，小羽片掌状或3裂，边缘有不整齐的细钝锯齿；孢子叶卵状三角形，多收缩而呈深撕裂状。夏末小羽片下面边缘生流苏状的孢子囊穗，穗长2～5mm，黑褐色；孢子表面有小疣。

分布： 广布于全国各地。常见缠绕于小灌木上。三垟湿地有野生。

习性： 喜温暖湿润与阳光充足环境，喜光，稍耐阴，不择土壤。

应用： 中药"海金沙"的来源，干燥成熟孢子可入药，具清利湿热、通淋止痛的功效。

桫椤科（Cyatheaceae）

4 笔筒树

学名：*Sphaeropteris lepifera*
科属：桫椤科白桫椤属
别名：多鳞白桫椤、蛇木、笔桫椤

形态：茎干高6m多，胸径可达15cm。叶柄长16cm或更长，密被鳞片，有疣突；鳞片苍白色，质薄；叶轴和羽轴禾秆色，密被显著的疣突；最下部的羽片略缩短，最长的羽片达80cm；最大的小羽片长10～15cm，基部少数裂片分离，其余的几乎裂至小羽轴；主脉间隔约3～3.5mm，侧脉10～12对，2～3叉。孢子囊群近主脉着生，无囊群盖；隔丝长过于孢子囊。

分布：产台湾、福建、浙江南部。温州地区有野生，成片生山谷林缘、路边或山坡向阳地段。三垟湿地有引种栽培。

习性：喜温暖湿润的半阴环境，忌阳光直射。对湿度要求高，不耐干旱，不耐寒。

应用：笔筒树是国家二级保护野生植物，对研究植物系统进化和地史演变有重要科学意义，同时被世界自然保护联盟组织列入国际濒危物种保护名录。其树干修长，叶痕大而密，异常美观。

凤尾蕨科（Pteridaceae）

5 蜈蚣草

学名： *Pteris vittata*
科属： 凤尾蕨科蜈蚣草属
别名： 蜈蚣凤尾蕨

形态： 植株高可达150cm。根状茎直立，短而粗健，木质，密生蓬松的黄褐色鳞片。叶簇生；柄坚硬，深禾秆色至浅褐色；叶片倒披针状长圆形，一回羽状，顶生羽片与侧生羽片同形，互生或有时近对生，中部羽片最长，狭线形，不育的叶缘有微细而均匀的密锯齿，几乎全部羽片均能育。

分布： 广布于中国热带和亚热带。生于钙质土或石灰岩上。三垟湿地有野生。

习性： 喜温暖湿润气候与阳光充足环境，喜光，也耐阴。为钙质土及石灰岩的指示植物。

应用： 全草入药，具有祛风除湿、舒筋活络的功效。

2 裸子植物门

PERMAE

苏铁科（Cycadaceae）

6 苏铁

学名：*Cycas revoluta*
科属：苏铁科苏铁属
别名：铁树、避火蕉

形态：常绿木本。茎高达5m。叶羽状，长达0.5～2.4m，厚革质而坚硬，羽片条形，边缘显著反卷，先端具刺状尖头。雌雄异株，雄球花长圆柱形，有短梗；雌球花扁球形，紧贴茎顶。花期6～7月；种子10月成熟，熟时红色。

分布：产于我国福建、广东、台湾，各地常有栽培。日本、菲律宾和印度尼西亚也有分布。

习性：喜暖热湿润的环境，不耐寒冷，生长慢，寿命长。在我国南方热带及亚热带南部树龄10年以上的苏铁几乎每年开花结实，而长江流域及北方各地栽培的苏铁常终生不开花，或偶尔开花结实。

应用：树形古朴，株形美丽；顶生羽叶，四季常青，为珍贵观赏树种。南方多植于庭前阶旁及草坪内；北方宜作大型盆栽，装饰庭院屋廊及厅室，殊为美观。

雄球花

雌球花

种子

雌植与雄株

银杏科（Ginkgoaceae）

7 银杏

学名：*Ginkgo biloba*
科属：银杏科银杏属
别名：白果、公孙树

形态：落叶乔木，高达40m。大树树皮灰褐色，深纵裂。雌雄异株；通常雄株长枝斜上伸展，雌株长枝水平开展或下垂。叶片扇形，有长柄，上部宽5～8cm，中央浅裂或深裂。球花均生于短枝叶腋。种子椭圆形，熟时黄色或橙黄色，被白粉。花期3～4月；种子9～10月成熟。

分布：中生代孑遗树种。仅浙江天目山保存野生状态的林木。银杏的栽培区甚广：北起沈阳，南迄广州，西至四川、云南，东至沿海，均有栽培。

习性：喜光，喜温暖气候，不耐严寒和全年湿热，适生于深厚、湿润、疏松的酸性土壤。

应用：树形挺直，叶形奇特，秋叶金黄色，适宜作庭园树、行道树和观赏树等。木材供建筑、家具、室内装饰、雕刻、绘图版等用。种子可食（但多食易中毒）及药用。

叶

种子

银杏秋色

春季植株

秋季植株

银杏秋色

南洋杉科（Araucariaceae）

8 异叶南洋杉

学名：*Araucaria heterophylla*
科属：南洋杉科南洋杉属
别名：诺和克南洋杉、小叶南洋杉

形态：常绿乔木，在原产地高达50m以上，胸径达1.5m。树干通直，树皮裂成薄片状脱落，树干新皮古铜色；树冠塔形，大枝平伸，小枝及侧枝常下垂。叶上面具多数气孔线，有白粉。雄球花单生枝顶，圆柱形。球果近圆球形或椭圆状球形。种子椭圆形，两侧具结合生长的宽翅。

分布：原产于大洋洲诺和克岛。我国福州、广州等地引种栽培，现为全国花木市场常见盆栽。

习性：不耐寒，冬季须置于温室越冬。

应用：在华南地区可露地孤植于庭园或公园作观赏树；在花木市场多作盆景、盆栽栽培观赏。

南洋杉科（Araucariaceae）

9 南洋杉

学名：*Araucaria cunninghamii*
科属：南洋杉科南洋杉属
别名：肯氏南洋杉

形态：常绿大乔木。高60～70m，胸径达1m以上。幼树呈整齐的尖塔状，老树呈平顶状。主枝轮生，平展，侧枝亦平展或稍下垂。叶二型：生于侧枝及幼枝上的多呈针状，质软，开展，排列疏松；生于老枝上的则密聚，卵形或三角状钻形。雌雄异株，果球卵形，苞鳞刺状且尖头向后强烈弯曲。种子两侧有翅。

分布：原产于大洋洲东南沿海地区，如澳大利亚的北部、新南威尔士及昆士兰等地。我国的广东（广州）、福建（厦门）、云南（西双版纳）、海南等地均有露地栽培。温州地区有引种栽培。

习性：喜温暖湿润及阳光充足环境，不甚耐寒。

应用：树形高大，姿态优美，与雪松、日本金松、金钱松、巨杉（世界爷）等合称为"世界五大公园树"。最宜独植为园林树或作纪念树，亦可作室内盆栽装饰树种。

松科（Pinaceae）

10 雪松

学名：*Cedrus deodara*
科属：松科雪松属
别名：香柏

形态：常绿乔木。高达50～72m，胸径达3m。树冠圆锥形。树皮灰褐色，鳞片状裂。大枝不规则轮生，平展。叶针状，灰绿色，在短枝顶端聚生20～60枚。雌雄球花异株；雄球花椭圆状卵形，长2～3cm；雌球花卵圆形，长约0.8cm。球果椭圆状卵形，熟时红褐色。花期10～11月；果期次年9～10月。

分布：原产于喜马拉雅山西部海拔1300～3300m的地带；我国自1920年起引种，长江中下游各大城市广为栽培。

习性：较喜光，喜温和、凉爽气候，抗寒性较强，能耐干旱瘠薄，不耐湿热和水涝。对二氧化硫极为敏感，抗烟害能力弱。

应用：树体高大，树形优美，为世界著名的观赏树。适宜孤植于草坪中央、建筑前庭、广场中心或主要大建筑的两旁及园门的入口等处。

雄球花

2 裸子植物门

球果

松科（Pinaceae）

11 湿地松

学名：*Pinus elliottii*
科属：松科松属
别名：爱氏松

形态：常绿乔木。在原产地高30～36m，胸径90cm。树皮灰褐色，纵裂成大鳞片状剥落。针叶2针或3针1束，长18～30cm，粗硬，深绿色，有光泽，腹背两面均有气孔线，叶缘具细锯齿。球果常2～4个聚生，圆锥形。花期2～3月；果期次年9月上中旬。

分布：原产于美国。我国长江以南各地广为引种造林，造林前期表现好。

习性：强喜光树种，喜温暖湿润多雨气候；耐水湿，亦耐干瘠，适生于酸性红壤，亦适宜中性黄褐土。

应用：苍劲而速生，适应性强，可在园林和自然风景区中群植作观赏林带。木材结构粗，较硬，可供建筑、枕木、造纸原料等用。松脂产量高。

松科（Pinaceae）

12 日本五针松

学名：*Pinus parviflora*
科属：松科松属
别名：五针松

形态：乔木，高可达30m，胸径达1m。一年生长枝淡黄色或淡红褐色，有白粉。叶窄条形，扁平。球果广卵形，长2～3cm，径2～3.5cm，熟时呈灰褐色；苞鳞外露。花期4～5月；果期9～10月。

分布：原产于日本，中国引入栽培历史悠久。温州地区常见栽培。

习性：本种喜温暖湿润气候，喜光，不耐阴。适应性强、生长快、抗病力强，适宜推广作绿化树种。

应用：树冠整齐呈宝塔形，叶轻柔而潇洒，是制作盆景的主要树种，在浙派盆景中被广为应用。亦可丛植、片植作公园、景区风景林。

松科（Pinaceae）

13 金钱松

学名：*Pseudolarix amabilis*
科属：松科金钱松属
别名：金松

形态：落叶乔木。高达40m，胸径1m。树冠阔圆锥形，树皮呈狭长鳞片状剥离。大枝不规则轮生，平展。叶条形，在长枝上互生，在短枝上轮状簇生。雄球花数个簇生于短枝顶部，有柄；雌球花单生于短枝顶部，紫红色。球果卵形或倒卵形，长6～7.5cm，径4～5cm，当年成熟，淡红褐色。花期4～5月；果期10～11月上旬。

分布：我国特有树种，产于安徽、江苏、浙江、江西、湖南、湖北、四川等省。

习性：喜光，幼时稍耐阴，喜温凉湿润气候，喜深厚肥沃、排水良好且适当湿润的中性或酸性沙质壤土，不喜石灰质土壤。能耐-20℃的低温，抗风力强，不耐干旱，也不耐积水。

应用：世界五大公园树之一，体形高大，树干端直，入秋叶变为金黄色，极为美丽。可孤植或丛植。木材较耐水湿，可供建筑、船舶等用。根皮可药用，有止痒、杀虫与抗霉菌之效；泡酒后名"土槿皮酊"，可外用治癣病。

杉科（Taxodiaceae）

14 水杉

学名：*Metasequoia glyptostroboides*
科属：杉科水杉属

形态：落叶乔木。树高达35m，胸径2.5m。树干基常膨大。幼树树冠尖塔形，老树则为广圆头形。树皮灰褐色。叶交互对生，呈羽状排列，条形，扁平。雌雄同株，单性；雄球花单生于枝顶和侧方，排成总状或圆锥花序状；雌球花单生于去年生枝顶或近枝顶。球果近球形，熟时深褐色，下垂。花期2月；果期11月。

分布：中国特产的孑遗珍贵树种，国家一级保护野生植物。天然古树幸存于湖北利川、四川石柱、湖南龙山；现国内外广为栽培。

习性：喜光，可耐-25℃低温；适宜于肥沃深厚、湿润的沙壤土和冲击土；速生树种。

应用：树冠呈圆锥形，姿态优美，叶色秀丽，秋叶转棕褐色，宜于园林中丛植、列植或孤植，也可成片林植，是郊区、风景区绿化的重要树种。木材纹理直，质轻软，易于加工，油漆及胶接性性能良好，适制桁条、门窗、楼板、家具及造船等用。纤维素含量高，是良好的造纸用材。

杉科（Taxodiaceae）

15 落羽杉

学名：*Taxodium distichum*
科属：杉科落羽杉属
别名：落羽松

形态：落叶乔木。高达50m，胸径达3m以上。树冠在幼年期呈圆锥形，老树则开展成伞形，基部常膨大而有屈膝状之呼吸根。树皮呈长条状剥落。叶条形，长1.0~1.5cm，排成羽状2列，上面中脉凹下，秋季凋落前变暗红褐色。球果圆球形或卵圆形，熟时淡褐黄色。花期5月；果期10月。

分布：原产于北美东南部，生于亚热带排水不良的沼泽地。我国长江以南各地引种栽培，尤以长江水网地带、冲积平原、湖区最多。

习性：强阳性树，喜暖热湿润气候，极耐水湿，能生长于浅沼泽中，亦能生长于排水良好的陆地上。土壤以湿润而富含腐殖质者最佳。在原产地能形成大片树林。抗风性强。

应用：本种树形整齐美观，近羽毛状的叶丛极为秀丽，入秋叶变成古铜色，是良好的秋色叶树种。最适配植于水旁又有防风护岸之效。木材纹理直，硬度适中，耐腐，可供建筑、家具、电杆、造船等用。

2 裸子植物门

球果　　膝根
春色叶　　秋色叶

落羽杉群落

杉科（Taxodiaceae）

16 池杉

学名：*Taxodium distichum* var. *Imbricatum*
科属：杉科落羽杉属
别名：池柏、沼杉、沼落羽松

形态：落叶乔木。在原产地高达25m。树干基部膨大，常有屈膝状的呼吸根。树皮纵裂，成长条片脱落。树冠常呈尖塔形。叶多钻形，常在枝上螺旋状伸展。球果圆球形或长圆状球形，向下斜垂，熟时褐黄色。花期3～4月；果期10～11月。

分布：原产于北美东南部沼泽地区。我国长江以南冲积平原、水网地、湖区引种栽培。在低湿地造林生长良好。

习性：喜光，抗风性强，生长快，耐水湿。

应用：本种为长江中下游水网地区重要造树和绿化树种。树形优美，枝叶秀丽婆娑，秋叶棕褐色，是观赏价值很高的园林树种，特适水滨湿地成片栽植，孤植或丛植为园景树，也可构成园林佳景。适在长江流域及珠江三角洲等农田水网地区、水库附近以及"四旁"造林绿化，以供防风、防浪并生产木材等用。材质似水杉，而韧性过之，是建筑、枕木、电杆、家具的用材，适作水桶、蒸笼等用。

2 裸子植物门

027

柏科（Cupressaceae）
17 柏木

学名：*Cupressus funebris*
科属：柏科柏木属
别名：璎珞柏、香扁柏、垂丝柏

形态：常绿乔木。高35m，胸径2m。树冠狭圆锥形。树皮淡褐灰色，成长条状剥离。小枝下垂，圆柱形，生叶的小枝扁平。鳞叶端尖，叶背中部有纵腺点。花期3～5月；球果次年成熟。球果小，径8～12mm，木质。种鳞4对，盾形，有尖头，每种鳞内含5～6粒种子。

分布：我国特有树种，分布很广，华东、华中、华南、西南及甘肃南部、陕西南部等地均有生长。

习性：为喜光树，能略耐侧方荫庇。喜暖热湿润气候，不耐寒。对土壤适应力强，以在石灰质土上生长最好，也能在微酸性土上生长良好。

应用：本种树冠整齐，能耐侧阴，宜群植成林或列植成甬道于公园、建筑前、陵墓、古迹和自然风景区绿化。心材大，材质优，具有香气，耐湿抗腐，是良好的建筑、造船、制水桶、细工等用材。球果、枝、叶、根均可入药；果可治风寒感冒、虚弱吐血、胃痛等症；根、枝、叶均可提炼"柏香油"供出口；叶可治烫伤。

罗汉松科（Podocarpaceae）

18 罗汉松

学名：*Podocarpus macrophyllus*
科属：罗汉松科罗汉松属
别名：罗汉杉、土杉

形态：常绿乔木。高达20m，胸径达60cm。树冠广卵形。树皮灰色，呈薄鳞片状脱落。叶条状披针形，螺旋状互生，长7~12cm。雄球花3~5簇生叶腋，圆柱形；雌球花单生于叶腋。种子卵形，熟时紫色，着生于膨大的种托上；种托肉质，椭圆形，初时为深红色，后变为紫色。花期4~5月；种子8~10月成熟。

分布：产于长江流域以南至华南、西南，生于海拔1000m以下；日本亦有分布。

习性：较耐阴，为半阴性树。喜排水良好而湿润的沙质壤土，在海边也能生长良好。耐寒性较弱。本种抗病虫害能力较强。对多种有毒气体抗性较强，寿命很长。

应用：本种树形优美，造型独特，红色种托，颇富奇趣，宜孤植作庭荫树、风景树。罗汉松耐修剪，是作桩景、盆景的极好材料。材质致密，富含油质，耐水湿且不易受虫害，可供制水桶，建筑及海、河土木工程应用。

红豆杉科（Taxaceae）

19 南方红豆杉

学名：*Taxus wallichiana* var. *mairei*
科属：红豆杉科红豆杉属
别名：海罗杉、美丽红豆杉

形态：常绿乔木。树皮淡灰色，纵裂成长条薄片。叶2列，近镰刀形，长1.5～4.5cm，背面中脉带上无乳头角质突起，或与气孔带邻近的中脉两边有1至数条乳头状角质突起，颜色与气孔带不同，淡绿色，边带宽而明显。种子倒卵圆形，长7～8mm，通常上部较宽，生于红色肉质杯状假种皮中。花期5～6月；种子9～11月成熟。

分布：国家一级保护野生植物。分布于长江流域以南各地区，以及河南、陕西和甘肃。温州地区有野生，三垟湿地有引种栽培。

习性：生性耐阴，喜凉爽湿润气候，抗寒性强，可耐–30℃的低温，最适温度20～25℃。喜湿润但怕涝，适生于疏松肥沃、排水良好的沙质壤土。

应用：本种树形端正，可孤植或群植，又可作盆栽摆放。其材质优良，供高档家具、钢琴外壳、细木工等用。木材及枝叶可供提取紫杉醇，有治疗癌症的功效。

ANGIO

3

被子植物门

PERMAE

3.1 双子叶植物纲
Dicotyledoneae

三白草科（Saururaceae）
20 蕺菜

学名： *Houttuynia cordata*
科属： 三白草科蕺菜属
别名： 鱼腥草

形态： 多年生草本植物。高可达60cm。叶片心形，托叶下部与叶柄合生成鞘状。穗状花序在枝顶端与叶互生，花小，总苞片白色。蒴果卵圆形。花果期5～10月。

分布： 分布于我国中部、东南至西南部各地区。生于沟边、溪边或林下湿地上。

习性： 喜阴湿环境，忌阳光直射。稍耐寒，不耐旱。喜生于湿润的酸性土壤。

应用： 本种可片植作为湿地林下地被。全株入药，有清热、解毒、利水的功效。嫩根茎可食，中国西南地区人民常作蔬菜或调味品。

三白草科（Saururaceae）

21 三白草

学名：*Saururus chinensis*
科属：三白草科三白草属
别名：塘边藕、白面姑

形态：湿生草本。高约1m。茎粗壮，有纵长粗棱和沟槽，下部伏地。叶纸质，密生腺点，阔卵形至卵状披针形，长10～20cm，宽5～10cm，顶端短尖或渐尖，基部心形或斜心形，上部的叶较小，茎顶端的2～3片于花期常为白色，呈花瓣状；叶脉5～7条，均自基部发出。花序白色，长12～20cm。花期4～6月。

分布：分布于河北、河南、山东和长江流域及其以南各地。三垟湿地有栽培。

习性：喜阳光充足、温暖湿润环境，不耐阴。喜富含腐殖质的酸性黏土。

应用：本种常配植于湿地塘边、沟边、溪边等浅水处或低洼地。全株药用，具清热解毒、利尿消肿的功效。

杨柳科（Salicaceae）

22 垂柳

学名：*Salix babylonica*
科属：杨柳科柳属
别名：垂枝柳、倒挂柳

形态：落叶乔木。高达18m。树冠倒广卵形。小枝细长下垂。叶狭披针形，长8~16cm，先端渐长尖，缘有细锯齿；托叶阔镰形，早落。雄花具2雄蕊，2腺体；雌花子房仅腹面具1腺体。花期3~4月；果期4~5月。

分布：分布于长江流域及其以南各地区平原地区，华北、东北亦有栽培，是平原水边常见树种。

习性：喜光，喜温暖湿润气候及潮湿深厚的酸性和中性土壤。较耐寒，特耐水湿，亦能生长于土层深厚的高燥地区。萌芽力强，根系发达。生长迅速；寿命较短。

应用：本种枝条细长，柔软下垂，随风飘舞，植于河岸及湖池边最为理想，亦可作行道树、庭荫树、固岸护堤树及平原造林树。木材韧性大，可用于制作小农具、小器具等。枝条可供编织篮、筐、箱等器具。枝、叶、花、果及须根均可入药。

杨梅科（Myricaceae）

23 杨梅

学名：*Myrica rubra*
科属：杨梅科杨梅属
别名：珠红、树梅、圣生梅、白蒂梅

形态：常绿乔木。高达12m，胸径60cm。树冠整齐，近球形。树皮黄灰黑色，老时浅纵裂。幼枝及叶背有黄色小油腺点。叶倒披针形，长4~12cm，全缘或近端部有浅齿。雌雄异株，雄花序紫红色。核果球形，深红色，也有紫、白等色，多汁。花期3~4月；果期6~7月。

分布：产长江以南各地区，以浙江栽培最多；日本、朝鲜及菲律宾也有分布。温州茶山及三垟湿地特色果树。

习性：中性树，稍耐阴，不耐烈日直射；喜温暖湿润气候及酸性排水良好的土壤，中性及微碱性土上也可生长。不耐寒。深根性，萌芽性强。对二氧化硫、氯气等有毒气体抗性较强。

应用：本种枝繁叶茂，树冠圆整，初夏红果累累，甚为壮观，是园林绿化结合生产的优良树种。孤植、丛植于草坪、庭院，或列植于路边都很合适；若采用密植方式用来分隔空间或用于遮蔽也很理想。果味酸甜适中，既可生食，又可加工成杨梅干、酱、蜜饯等，还可酿酒。果实亦可入药，有止渴生津、助消化等功效。

胡桃科（Juglandaceae）

24 枫杨

学名：*Pterocarya stenoptera*
科属：胡桃科枫杨属
别名：元宝树、枰柳、枫柳

形态：落叶乔木。高达30m，胸径1m以上。枝具片状髓。裸芽密被褐色腺体，下有叠生无柄潜芽。羽状复叶的叶轴有翼，小叶10～16，缘有细锯齿，顶生小叶有时不发育。果序下垂，长20～30cm；果近球形，具2长圆形或长圆状披针形的果翅，长2～3cm，斜展。花期4～5月；果期8～9月。

分布：广布于我国华北、华中、华南和西南各地区，在长江流域和淮河流域最为常见。

习性：喜光，喜温暖湿润气候，也较耐寒；耐湿性强。对土壤要求不严，在酸性至微碱性土上均可生长。深根性，主根明显，侧根发达；萌芽力强。生长迅速。

应用：树冠宽广，枝叶茂密，生长快，适应性强，在江淮流域多栽为遮阴树及行道树；又因根系发达、较耐水湿，常作水边护岸固堤及防风林树种。木材轻软，不易翘裂，但不耐腐朽，可用于制作箱板、农具、家具、火柴杆等。树皮富含纤维，可制上等绳索。叶有毒，可作农药杀虫剂。树皮煎水，可治疥癣和皮肤病。

壳斗科（Fagaceae）
25 苦槠

学名：*Castanopsis sclerophylla*
科属：壳斗科栲属
别名：苦槠栲

形态：常绿乔木。高达20m。树冠圆球形。树皮暗灰色，纵裂。小枝常有棱沟。叶长椭圆形，中上部有齿，背面有灰白色或浅褐色蜡层，革质。雄花序穗状，直立。坚果单生于球状总苞内，总苞外有环状列之瘤状苞片；果苞成串生于枝上。花期5月；果期10月。

分布：主产于长江以南各地区，是南方常绿阔叶林组成树种之一。

习性：喜雨量充沛和温暖气候，能耐阴，喜深厚、湿润的中性和酸性土，亦耐干旱和瘠薄。深根性，萌芽性强。生长速度中等偏慢，寿命长。

应用：枝叶繁密，树冠圆浑，宜于草坪孤植、丛植，亦可于山麓坡地成片栽植，构成以常绿阔叶树为基调的风景林，或作花木的背景树。木材致密、坚韧、富弹性，可作建筑、桥梁、枕木、家具、体育用品等材料。果含大量淀粉、糖、蛋白质和脂肪，可制成"苦槠豆腐"食用。

榆科（Ulmaceae）

26 朴树

学名：*Celtis sinensis*
科属：榆科朴属
别名：沙朴

形态：落叶乔木。高20m。树皮灰色，光滑。叶质较厚，阔卵形或圆形，中上部边缘有锯齿；三出脉，表面无毛，背面叶脉处有毛。花杂性同株；雄花簇生于当年生枝下部叶腋；雌花单生于枝上部叶腋，1～3朵聚生。核果近球形，单生叶腋，红褐色。花期4～5月；果期8～10月。

分布：产于我国的淮河流域、秦岭以南。三垟湿地有野生。

习性：喜光，稍耐阴，喜温暖气候及深厚肥沃的中性黏质土壤，耐轻微盐碱。深根性，抗风力强。

应用：树冠宽广，绿荫浓郁，适合作庭荫树及行道树，对二氧化硫、氯气等有毒气体的抗性强。茎皮为造纸和人造棉原料。果实榨油作润滑油。木材坚硬，可供工业用材；根、皮、叶入药有消肿止痛、解毒治热的功效，外敷治水火烫伤。

榆科（Ulmaceae）

27 榔榆

学名：*Ulmus parvifolia*
科属：榆科榆属
别名：小叶榆

形态：落叶乔木。高大25m，胸径1m。树冠扁球形至卵圆形。树皮灰褐色，不规则薄鳞片状剥离。叶较小而质厚，长2~5cm，基部歪斜，缘具单锯齿。花簇生叶腋。翅果长椭圆形至卵形，长0.8~1cm，种子位于翅果中央。花期8~9月；果期10~11月。

分布：主产于长江流域及其以南地区，北至山东、河南、山西、陕西等地区。三垟湿地有野生。

习性：喜光，稍耐阴，喜温暖气候；喜肥沃、湿润土壤，在酸性、中性和石灰性土壤的山坡、平原及溪边均能生长。生长速度中等，寿命较长。深根性，萌芽力强。

应用：树形优美，树皮斑驳，枝叶细密，适合在庭院中孤植、丛植，或与亭榭、山石配植。栽作庭荫树、行道树或制作成盆景，有良好的观赏效果。木材坚韧，经久耐用，可作车、船、农具等用材。树皮、根皮、叶均供药用。

榆科（Ulmaceae）

28 榉树

学名： *Zelkova serrata*
科属： 榆科榉属
别名： 大叶榉

形态： 落叶乔木。高达25m。树冠倒卵状伞形。树皮深灰色，不裂，老时薄鳞片状剥落后仍光滑。叶卵状长椭圆形，长2~8cm，锯齿整齐，近桃形，幼时背面密生淡灰色柔毛。核果小，径2.5~4mm，歪斜且有皱纹。花期3~4月；果期10~11月。

分布： 产于淮河及秦岭以南，长江中下游至华南、西南各地区。垂直分布多在海拔500m以下的山地及平原，在云南可达海拔1000m。

习性： 喜光，喜温暖气候及肥沃湿润土壤，在酸性、中性及石灰性土壤上均可生长。忌积水地，也不耐干瘠。

应用： 枝细叶美，绿荫浓密，树形雄伟，在园林绿地中孤植、丛植、列植皆宜。亦是行道树、宅旁绿化、厂矿区绿化和营造防风林的理想树种。木材坚实，是贵重用材，可供优良家具及造船、建筑、桥梁等用。茎皮纤维强韧，可作人造棉及绳索的原料。

桑科（Moraceae）

29 构树

学名：*Broussonetia papyrifera*
科属：桑科构属
别名：构桃树、构乳树、楮树

形态：落叶乔木。高达16m，胸径60cm。树皮浅灰色，不易裂。小枝密被丝状刚毛。叶互生，有时近对生，卵形，长7～20cm，先端渐尖，基部圆形或近心形，缘有锯齿，不裂或有不规则2～5裂，表面疏为糙毛，背面密生柔毛。聚花果球形，径2～2.5cm，熟时橙红色。花期4～5月；果期8～9月。

分布：分布于我国黄河流域、长江流域、珠江流域及台湾。

习性：喜光，适应性强；耐干旱瘠薄，也能生长在水边；喜钙质土，也可在酸性、中性土上生长。生长较快，萌芽力强；根系较浅，但侧根分布很广。对烟尘及有毒气体抗性很强，少病虫害。

应用：枝叶茂密且抗性强，适宜用作工矿区、荒山坡地及防护林绿化。木材结构中等，纹理斜，质松软，可供器具、家具和薪柴用。树皮是优质造纸和纺织原料。树皮浆汁可治癣和神经性皮炎。果为强壮剂；根皮是利尿剂。叶可作猪饲料，亦可入药。

桑科（Moraceae）

30 无柄小叶榕

学名：*Ficus concinna* var. *subsessilis*
科属：桑科榕属
别名：近无柄雅榕

形态：常绿乔木。高达20m。具气生根。树皮深灰色。小枝粗，无毛。叶窄卵状椭圆形，长5~8cm，全缘，先端短尖或渐尖，基部楔形，两面无毛，侧脉4~8对，上面细脉明显。榕果成对腋生，或3~4个簇生于无叶小枝叶腋；球形，径4~5mm。花果期3~11月。

分布：产浙江（南部，北至龙泉、永嘉一线）、江西（南部）、广东、云南（南部）。温州市树。

习性：喜温暖湿润与阳光充足气候，稍耐阴；不耐寒；喜湿润，耐积水。生长势强健，不择土壤。

应用：本种生长旺盛，寿命长，在温州地区古树名木众多，是极具温州特色的乡土树种。树冠亭亭如盖，可作庭荫树，亦可作独植树彰显气势。

桑科（Moraceae）

31 薜荔

学名：*Ficus pumila*
科属：桑科榕属
别名：凉粉果、木莲

形态：常绿攀援或匍匐灌木。叶二型，不结果枝节上生不定根，叶卵状心形，长约2.5cm，薄革质；结果枝上无不定根，革质，卵状椭圆形，长5～10cm，全缘，背面被黄褐色柔毛，侧脉3～4对，在表面下陷，背面凸起，网脉甚明显，呈蜂窝状。榕果单生叶腋，瘿花果梨形，雌花果近球形，长4～8cm，直径3～5cm，顶部截平。花果期5～8月。

分布：产于我国华东、华中、华南、西南等地区。生长在村寨附近或墙壁上。

习性：喜光，幼株耐阴；耐寒能力强；耐贫瘠干旱。对土壤要求不严格，适应性强。

应用：墙体垂直绿化的好材料。此外，其花序托中瘦果加工成凉粉食用，是中国南方民间传统的消暑佳品。叶供药用，有祛风除湿、活血通络作用。藤蔓柔性好，可用来编织和作造纸原料。

桑科（Moraceae）

32 笔管榕

学名： *Ficus subpisocarpa*
科属： 桑科榕属
别名： 雀榕、笔管树、鸟榕

形态： 落叶乔木。有时有气根，高5~9m。树皮黑褐色。小枝灰红色。叶互生或簇生，薄革质，长椭圆形或矩圆形，长5~12cm。隐头花序，花序托球形，单生或成对腋生或簇生于叶痕腋部；雄花、瘿花、雌花生于同一隐头花序内。果实呈球形，成熟时紫红色，密布于树干。花期5~8月。

分布： 产于我国台湾、福建、浙江、海南、云南等地区。常见于海拔140~1400m的平原或村庄。

习性： 喜温暖湿润气候，喜阳也能耐阴，不耐寒，喜湿，耐干旱，适应性强。

应用： 树冠广展，为良好的荫庇树种，适合作行道树、庭院树、风景树应用。木材纹理细致、美观，可供雕刻。

荨麻科（Urticaceae）

33 苎麻

学名：*Boehmeria nivea*
科属：荨麻科苎麻属
别名：白麻、野麻

形态：亚灌木或灌木。高0.5～1.5m。叶互生；叶片草质，通常圆卵形或宽卵形，边缘在基部之上有牙齿，上面稍粗糙，疏被短伏毛，下面密被雪白色毡毛，侧脉约3对。圆锥花序腋生；雄团伞花序直径1～3mm，有少数雄花；雌团伞花序直径0.5～2mm，有多数密集的雌花。瘦果近球形。花期8～10月；果期10～11月。

分布：广泛分布于我国黄河流域以南各地区。温州三垟湿地有野生。

习性：喜温暖湿润与阳光充足环境。较耐寒，耐干旱贫瘠。对土壤要求不严，适应性强。

应用：本种是中国古代重要的纤维作物之一。新石器时代长江中下游地区就已有种植，考古出土年代最早的是浙江钱山漾新石器时代遗址出土的苎麻布和细麻绳，距今已有4700余年。苎麻根为利尿解热药，并有安胎作用；叶为止血剂，治创伤出血。嫩叶可养蚕，作饲料。种子可供榨油，供制肥皂和食用。

山龙眼科（Proteaceae）

34 银桦

学名：*Grevillea robusta*
科属：山龙眼科银桦属
别名：银橡树、樱槐、绢柏

形态：常绿乔木。高可达40m，胸径1m。树冠圆锥形。幼枝、芽及叶柄上密被锈褐色绒毛。单叶互生，二回羽状深裂、裂片5～10对，叶背密生银灰色绢毛。总状花序，花橙色或黄褐色，未开放时弯曲管状。果有细长花柱宿存。花期5月；果期7～8月。

分布：原产于大洋洲。我国西南部、南部的暖亚热带、热带地区广泛栽培应用。温州地区有引种栽培。

习性：喜光；喜温暖较凉爽气候，不耐寒。喜疏松肥沃的偏酸性土壤。

应用：树干通直，高大伟岸，初夏有橙黄色花序缀满枝头，最宜作行道树、庭荫树；亦适合农村"四旁"绿化，适宜低山营造速生风景林。

蓼科（Polygonaceae）

35 金荞麦

学名：*Fagopyrum dibotrys*
科属：蓼科荞麦属
别名：苦荞麦、荞麦当归、荞麦三七、金锁银开

形态：多年生草本植物。高可达100cm。根状茎木质化，茎直立。叶片三角形，顶端渐尖，基部近戟形，边缘全缘，托叶鞘筒状，膜质。花序伞房状，顶生或腋生；苞片卵状披针形，边缘膜质；花梗中部具关节，与苞片近等长；花白色，花被片长椭圆形。瘦果宽卵形。花期7～9月；果期8～10月。

分布：产于我国华东、华中、华南及西南等地区。生于山谷湿地、山坡灌丛。三垟湿地有野生。

习性：喜温暖湿润。适应性较强，耐寒性强，较耐旱。对土壤要求不严，适宜栽培在排水良好、肥沃疏松的沙壤土中。

应用：全草入药，其性凉，味辛、苦，有清热解毒、活血化瘀、健脾利湿的作用。块根供药用，有清热解毒、排脓去瘀的功效。叶可作野菜食用。

蓼科（Polygonaceae）

36 何首乌

学名：*Fallopia multiflora*
科属：蓼科何首乌属
别名：多花蓼、紫乌藤、夜交藤

形态：多年生草本。块根肥厚，长椭圆形，黑褐色。茎缠绕，长2～4m。叶卵形或长卵形，顶端渐尖，基部心形或近心形。圆锥花序，顶生或腋生，长10～20cm；花被5，深裂，白色或淡绿色，花被片椭圆形，大小不相等，外面3片较大且背部具翅，果时增大，花被果时外形近圆形，直径6～7mm。被果卵形。花期8～9月；果期9～10月。

分布：分布于我国华东、华中、华南、西南等地区。三垟湿地有野生。

习性：喜温暖湿润的气候，喜光，稍耐阴。喜深厚肥沃、富含腐殖质且排水顺畅的沙质壤土，忌土壤黏重积水。

应用：何首乌为常见珍贵中药材，其块根入药，可安神、养血、活络、解毒、消痈；"制何首乌"可补益精血、乌须发、强筋骨、补肝肾。

蓼科（Polygonaceae）

37 火炭母

学名：*Polygonum chinense*
科属：蓼科蓼属
别名：火炭母草

形态：多年生草本，高达1m。叶卵形或长卵形，先端渐尖，基部平截或宽心形，下部叶基部常具叶耳，上部叶近无柄或抱茎，托叶鞘膜质。头状花序常数个组成圆锥状；花被5深裂，白色或淡红色。瘦果宽卵形，具3棱，包于肉质蓝黑色宿存花被内。花期7～9月；果期8～10月。

分布：分布于我国陕西（南部）、甘肃（南部）及华东、华中、华南和西南。三垟湿地有野生。

习性：喜温暖湿润的气候。喜光，但耐半阴。较耐寒，耐土壤贫瘠。

应用：叶色斑驳，可作湿地林下的地被。根状茎供药用，具清热解毒、散瘀消肿的功效。

蓼科（Polygonaceae）
38 红蓼

学名：*Polygonum orientale*
科属：蓼科蓼属
别名：水红花子

形态：一年生大型草本。高1~2m。茎粗壮，多分枝，全株密被粗长毛。叶宽椭圆形，长10~20cm，托叶鞘筒状，顶端有一圈绿色叶状边缘，具长缘毛。穗状花序粗壮，稍下垂，长3~7cm，花密集，红色或白色。花期6~9月；果期8~10月。

分布：产于全国各地。三垟湿地特色植物。

习性：喜温暖湿润及阳光充足的环境，宜植于肥沃、湿润的地方，也耐干旱瘠薄。

应用：植株高大茂盛，生长迅速，花开时成片红色，颇为壮观，且花期长，宜片植于水边、布置花境背景，也可丛植点缀桥头、驳岸等处。果实入药，名"水红花子"，有活血、止痛、消积、利尿的功效。

藜科（Chenopodiaceae）
39 地肤

学名：*Kochia scoparia*
科属：藜科地肤属
别名：细叶扫帚草

形态：一年生草本，高约50cm。分枝极多，密集成卵圆形，茎基部半木质化。叶纤细，线形或条形，嫩绿色，秋季变红。花小，腋生，集成稀疏的穗状花序，黄绿色。胞果扁球形。花期7～9月；果期7～10月。

分布：全国各地均产。生于田边、路旁、荒地等处。三垟湿地有栽培。

习性：喜温暖及阳光充足的环境，不耐寒，耐炎热。耐碱，耐干旱瘠薄，不择土壤。适应性强。

应用：株形自然圆球形，枝叶紧密，叶片细腻，嫩绿色，用于布置花境前景，或丛植于花坛中央，还可栽成绿篱、修剪造型、搭配色块，也可盆栽观赏。

苋科（Amaranthaceae）

40 牛膝

学名：*Achyranthes bidentata*
科属：苋科牛膝属
别名：怀牛膝

形态：多年生草本，高70～120cm。根圆柱形，土黄色。茎有棱角或四方形，绿色或带紫色，节膨大。单叶对生；椭圆形或椭圆状披针形，全缘。穗状花序顶生及腋生，长3～5cm，花期后反折。胞果矩圆形。花期7～9月；果期9～10月。

分布：广布于全国各地。生于屋旁、林缘、山坡草丛中。三垟湿地有野生。

习性：喜光，稍耐阴；适应性强。对土壤要求不严，在深厚肥沃、排水良好的壤土中生长较好。

应用：干燥的根茎入药，具有逐瘀通经、补肝肾、强筋骨、利尿通淋、引血下行的功能。

苋科（Amaranthaceae）

41 青葙

学名：*Celosia argentea*
科属：苋科青葙属
别名：野鸡冠花

形态：一年生草本，全株无毛。茎直立，有分枝。叶矩圆状披针形至披针形。穗状花序长3～10cm；苞片、小苞片和花被片干膜质，光亮，淡红色。胞果卵形，盖裂。种子肾状圆形，黑色，光亮。花期5～8月；果期6～10月。

分布：分布几乎遍布全国，野生或栽培，为旱田杂草。三垟湿地有野生。

习性：喜光，不耐荫庇。耐寒，喜湿润，对土壤要求不严。

应用：种子入药，为中药"青葙子"，有清肝明目、降血压的功效。全草入药有清热利湿的功效。嫩茎叶作蔬菜食用，也可作饲料。

紫茉莉科（Nyctaginaceae）

42 紫茉莉

学名：*Mirabilis jalapa*
科属：紫茉莉科紫茉莉属
别名：胭脂花、夜晚花、地雷花

形态：多年生但常作一年生栽培。高可达1m。块根肥粗，肉质。主茎直立，侧枝散生，节膨大。单叶对生，卵状心形，全缘。花常数朵簇生于枝端；花色有黄色、白色、玫红色，有香气。瘦果球形，黑色。花期6~10月；果期8~11月。

分布：原产于南美洲热带地区。我国南北各地常栽培，温州地区常见栽培。

习性：喜温暖湿润的环境。不耐寒，喜半阴，不择土壤。

应用：本种性强健，生长迅速，黄昏散发浓香，宜作地被植物，也可丛植于房前屋后、篱垣旁。

3 被子植物门

马齿苋科（Portulacaceae）

43 马齿苋

学名：*Portulaca oleracea*
科属：马齿苋科马齿苋属
别名：五行草、长命菜、五方草、瓜子菜

形态：一年生草本，全株无毛。茎平卧，伏地铺散，枝淡绿色或带暗红色。叶互生，叶片扁平，肥厚，上面暗绿色，下面淡绿色或带暗红色。花无梗，午时盛开；苞片叶状；萼片绿色，盔形；花瓣黄色，倒卵形。蒴果卵球形。种子细小，黑褐色，有光泽。花期5~8月；果期6~9月。

分布：中国南北各地均产。生于菜园、农田、路旁，为田间常见杂草。

习性：喜高湿、耐旱、耐涝，具向阳性，适宜在各种田地和坡地栽培。以中性和弱酸性土壤较好。

应用：全草供药用，有清热利湿、解毒消肿、消炎、止渴、利尿的作用。种子有明目的作用。嫩茎叶可作蔬菜食用，味酸，不宜过多食用。

马齿苋科（Portulacaceae）

 土人参

学名：*Talinum paniculatum*
科属：马齿苋科土人参属
别名：栌兰、土洋参

形态：一年生或多年生肉质草本，全株光滑。高达60cm主根粗壮，圆锥形。叶互生，倒卵形，全缘。圆锥花序，常二歧分枝；花瓣5，淡紫红色。蒴果，种子多数。花期6~8月；果期9~11月。

分布：原产于热带美洲。温州地区有栽培，三垟湿地有逸生。

习性：喜温暖湿润的环境，耐热，不耐寒。忌湿涝，对土壤要求不严。

应用：本种适应性强，植株整齐，繁殖力强，管理粗放，可成片栽植作地被。根、叶均可食用，可炒，可做汤。肉质根入药，具有滋补强壮作用，能补气血。

石竹科（Caryophyllaceae）

45 石竹

学名： *Dianthus chinensis*
科属： 石竹科石竹属
别名： 洛阳花、中国石竹、洛阳石竹

形态： 多年生但常作二年生栽培。高30~50cm。茎疏丛生，节膨大。叶对生，线状披针形。花单生或数朵成疏聚伞花序，花梗长，单瓣5枚或重瓣，边缘不整齐齿裂，喉部有斑纹，微具香气。蒴果圆筒形。花期5~6月。

分布： 原产于中国，分布甚广。温州地区常见栽培。

习性： 性喜光照充足、耐寒、耐旱、忌水涝，不耐酷暑，夏季多生长不良或枯萎。

应用： 株形整齐，花朵繁密、色彩丰富、鲜艳，花期长，可片植作地被；也可布置花坛、花境和岩石园；亦可作盆栽欣赏。

睡莲科（Nymphaeaceae）

46 荷花

学名：*Nelumbo nucifera*
科属：睡莲科睡莲属
别名：莲、芙蕖、菡萏、草芙蓉、水芙蓉

形态：多年生挺水植物。根茎肥大多节，横生于水底泥中。叶盾状圆形，表面深绿色，被蜡质白粉，背面灰绿色。花单生于花梗顶端、高于水面之上，有单瓣、复瓣、重瓣等花型，花色有白色、粉色、深红色、淡紫色或间色等变化。花后结实，果为坚果，椭圆形。花期6～8月；果期9～10月。

分布：原产于我国南北各地区，俄罗斯、朝鲜、日本、印度及亚洲西部和大洋洲均有分布，自生或栽培于池塘或水田中。三垟湿地大量种植，形成特色景观。

习性：喜温暖湿润气候和全光照栽培环境，喜肥，喜深厚肥沃的淤泥。喜相对稳定的静水，不爱涨落悬殊的流水。

应用：荷花是中国的十大名花之一，不仅花大色艳，清香远溢，凌波翠盖，而且有着极强的适应性，既可广植于湖泊，蔚为壮观，又能盆栽瓶插，别有情趣；自古以来，就是宫廷苑囿和私家庭园珍贵的水生花卉，而且品种众多，最宜建立专类园观赏。

睡莲科（Nymphaeaceae）

47 睡莲

学名：*Nymphaea tetragona*
科属：睡莲科睡莲属
别名：子午莲、水芹花

形态：多年生浮水花卉。根状茎匍匐。叶纸质，近圆形，基部具深弯缺，裂片尖，近平行或开展，全缘或波状。花大，芳香；花色有白色、粉色、红色、蓝色等。浆果扁平至半球形。种子椭圆形。花期6～8月；果期8～10月。

分布：原产于亚洲热带地区和大洋洲、北非及东南亚热带地区，欧洲和亚洲的温带和寒带地区有少量分布。

习性：喜温暖湿润气候和全光照。不耐阴，光线不足时开花效果差。

应用：本种为重要的水生花卉，品种众多，花色繁多，常用于点缀水面。盆养睡莲可用来布置庭院。

毛茛科（Ranunculaceae）
48 毛茛

学名：*Ranunculus japonicus*
科属：毛茛科毛茛属
别名：水芹菜、水茛

形态：多年生草本，全株密被柔毛。高30～60cm。基生叶及茎下部叶掌状3深裂，上部叶片逐渐变小至线形。聚伞花序松散，花黄色，直径约2cm。聚合果近球形。花期4～6月；果期5～9月。

分布：分布于我国长江中下游各地及台湾。生于田野、溪边或林边阴湿处。三垟湿地常见野生。

习性：喜温暖湿润的气候，喜光亦稍耐阴、耐水湿。适应性强，不择土壤。

应用：本种生性强健，花朵亮丽，宜成片植于疏林下，是理想的春季观花地被植物。可用来布置缀花草坪。

小檗科（Berberidaceae）

49 阔叶十大功劳

学名： *Mahonia bealei*
科属： 小檗科十大功劳属
别名： 土黄柏、刺黄芩

形态： 常绿灌木。高达4m。小叶9～15枚，卵形至卵状椭圆形，长5～12cm，叶缘反卷，每边有大刺齿2～5个；侧生小叶基部歪斜，表面绿色有光泽，背面有白粉，坚硬革质。花黄色，有香气；总状花序直立，6～9条簇生。浆果卵形，蓝黑色。花期4～5月；果期9～10月。

分布： 产于我国华东、华中、华南、西南及陕西、河南等地。多生于山坡及灌丛中。

习性： 喜温暖湿润气候。性强健，耐阴，不择土壤。

应用： 本种枝叶苍劲，黄花成簇，是公园花境、花篱的好材料。也可丛植、孤植或盆栽。根、茎含小檗碱、药根碱、木兰花碱等，有清热解毒、止咳化痰的功效。

小檗科（Berberidaceae）
50 十大功劳

学名： *Mahonia fortunei*
科属： 小檗科十大功劳属
别名： 狭叶十大功劳

形态： 常绿灌木，全体无毛。高达2m。小叶5~9枚，线披针形，长8~12cm，革质而有光泽，缘有刺齿6~13对，小叶均无柄。花黄色，总状花序4~8条簇生。浆果近球形，蓝黑色，被白粉。花期3~4月；果期10~11月。

分布： 产于广西、四川、贵州、湖北、江西、浙江。生于山坡沟谷林中、灌丛中、路边或河边。

习性： 耐阴，喜温暖气候及肥沃、湿润、排水良好的土壤，耐寒性不强。

应用： 常植于庭院、林缘及草地边缘，或作绿篱及基础种植。在华北常盆栽观赏，温室越冬。全株供药用，有清凉、解毒、强壮的功效。

小檗科（Berberidaceae）

51 南天竹

学名：*Nandina domestica*
科属：小檗科南天竹属
别名：南天竺、竺竹

形态：常绿灌木。高达2m。丛生而少分枝。二至三回羽状复叶，中轴有关节，小叶椭圆状披针形，长3～10cm，先端渐尖，基部楔形，全缘，两面无毛。花小而白色，成顶生圆锥花序。浆果球形，鲜红色。花期5～7月；果期9～10月。

分布：原产于中国及日本。江苏、浙江、安徽、湖北、四川、陕西、河北、山东等地均有分布。现国内庭园广泛栽培。

习性：喜半阴，最好能上午见光，中午和下午有庇荫，但在强光下亦能生长，唯叶色常发红。喜温暖气候及肥沃、湿润且排水良好的土壤，耐寒性不强，对水分要求不严。生长较慢。

应用：本种茎干丛生，枝叶扶疏，秋冬叶色变红，更有累累红果，经久不落，实为赏叶观果佳品。长江流域及其以南地区可露地栽培，宜丛植于庭院房前、草地边缘或园路转角处。北方寒地多盆栽观赏。根、叶、果均可药用，根、叶能强筋活络、消炎解毒，果为镇咳药。

防己科（Menispermaceae）

52 木防己

学名：*Cocculus orbiculatus*
科属：防己科木防己属
别名：土木香、牛木香、青藤根

形态：落叶木质藤本。小枝被绒毛至疏柔毛，或有时近无毛，有条纹。叶片纸质至近革质，形状变异极大，长通常3~8cm。聚伞花序少花，腋生；或排成多花，花黄绿色，狭窄聚伞圆锥花序。核果近球形，蓝黑色，径通常7~8mm。花期5~6月；果期8~9月。

分布：广布于全国，以长江流域中下游及其以南各地区常见。生长于灌丛、村边、林缘等处。

习性：喜温暖湿润和阳光充足环境，较耐干旱，较耐寒。适应性强，对土壤要求不严。

应用：可用于小型拱门、廊柱、山石、树干的垂直绿化。其根、茎可供药用，也能用来酿酒。

木兰科（Magnoliaceae）

53 鹅掌楸

学名：*Liriodendron chinense*
科属：木兰科鹅掌楸属
别名：马褂木

形态：落叶乔木。高达16m。小枝灰色或灰褐色。叶马褂状，长4～18cm，宽5～19cm，每边常有2裂片，背面粉白色。花杯状，直径4～6cm；花被片淡绿色，内面近基部淡黄色，长3～4cm。聚合果纺锤形，长7～9cm；小坚果有翅，顶端钝。花期5月；果期9～10月。

分布：原产于我国长江以南各地区，自然分布于海拔1100～1700m以下的地带。温州地区有引种栽培。

习性：喜温暖湿润和阳光充足的环境。耐寒，耐半阴，不耐干旱和水湿。

应用：本种树形挺拔，叶形奇特，花大而美丽，是较珍贵的庭园观赏树种，宜作庭荫树及行道树。

木兰科（Magnoliaceae）

54 荷花玉兰

学名：*Magnolia grandiflora*
科属：木兰科木兰属
别名：广玉兰

形态：常绿乔木。高30m。树冠阔圆锥形。小枝有锈色柔毛。叶倒卵状长椭圆形，长12～20cm，革质，叶背有铁锈色短柔毛。花杯形，白色，极大，有芳香，花被片9～12枚。聚合果圆柱状卵形，密被锈色毛，长7～10cm。种子红色。花期5～8月；果期10月。

分布：原产于北美东部，在中国长江流域至珠江流域的园林中常见栽培。

习性：喜阳光，亦颇耐阴，喜温暖湿润气候，亦有一定的耐寒力。喜肥沃润湿而排水良好的土壤，不耐干燥及石灰质土。

应用：叶厚而有光泽，花大而香，树姿雄伟壮丽，宜单植在开旷的草坪上或配植成观花的树丛。材质致密坚实，装饰物、运动器具及箱柜等用材。叶可入药，主治高血压。花、叶、嫩梢可供提取挥发油。

木兰科（Magnoliaceae）

55 白兰

学名: *Michelia alba*
科属: 木兰科含笑属
别名: 缅桂、白兰花

形态: 常绿乔木。高17m，胸径40cm。干皮灰色。叶薄革质，长椭圆形，长10～25cm，宽4～10cm，托叶痕仅达叶柄中部以下。花白色，极芳香，花瓣披针形，长3～4cm，约为10枚以上。果成熟形成疏生的穗状聚合果，蓇葖果革质。花期4月下旬至9月下旬。

分布: 产于印度尼西亚爪哇岛。中国华南各地区多有栽培，在长江流域及华北有盆栽。

习性: 喜阳光充分、暖热多湿气候。喜肥沃富含腐殖质且排水良好的微酸性沙质壤土。不耐寒，温州地区偶有冻害。根肉质、怕积水。

应用: 本种属著名香花树种，在华南多作庭荫树及行道树用，是芳香类花园的良好树种。材质优良，供制家具用。花朵常作襟花佩戴，又可供熏制茶叶和提取香精用。

木兰科（Magnoliaceae）
56 乐昌含笑

学名：*Michelia chapensis*
科属：木兰科含笑属
别名：南方白兰花、景烈白兰

形态：常绿乔木。高15～30m，胸径1m。叶薄革质，倒卵形、狭倒卵形或长圆状倒卵形，长6.5～16cm，有光泽，无托叶痕。花被片淡黄色，6片，芳香，2轮。聚合果长约10cm；蓇葖长圆体形或卵圆形。种子红色。花期3～4月；果期8～9月。

分布：产于我国江西、湖南、广东、广西等地区。生于海拔500～1500m的山地林间。温州地区大量引种栽培，适应性强。

习性：喜温暖湿润的气候，耐高温，亦耐寒。喜光。喜土壤深厚、疏松、肥沃、排水良好的酸性至微碱性土壤。能耐地下水位较高的环境。

应用：本种树干挺拔，树荫浓郁，花香醉人，可孤植或丛植于园林中，亦可作行道树。

花

果实

花期植株

木兰科（Magnoliaceae）

57 含笑花

学名：*Michelia figo*
科属：木兰科含笑属
别名：含笑、含笑梅、山节子

形态：常绿灌木或小乔木。高2~5m。分枝紧密，小枝有锈褐色茸毛。叶革质，倒卵状椭圆形，长4~10cm，宽2~4cm；叶柄密被粗毛。花直立，淡黄色而瓣缘常晕紫，香味似香蕉味，花径2~3cm。蓇葖果卵圆形，先端呈鸟喙状，外有疣点。花期3~4月；果期7~8月。

分布：原产于我国华南山坡杂木林中。现从华南至长江流域各地区均有栽培。温州地区常见栽培。

习性：喜弱阴，不耐暴晒和干燥。喜暖热多湿气候及酸性土壤，不耐石灰质土壤。

应用：本种为著名芳香花木，适于在小游园、花园、公园或街道上成丛种植，可配植于草坪边缘或稀疏林边。除供观赏外，花亦可熏茶用。

木兰科（Magnoliaceae）

58 玉兰

学名：*Yulania denudata*
科属：木兰科玉兰属
别名：白玉兰、望春花、木花树

形态：落叶乔木。高达15m。树冠卵形或近球形。幼枝及芽均有毛。叶倒卵状长椭圆形，长10～15m，先端突尖而短钝，基部广楔形，或近圆形，幼时表面有毛。花大，径12～15cm，纯白色，芳香，花萼、花瓣相似，共9片。聚合果深紫褐色。花期3～4月；果期9～10月。

分布：原产于我国中部山野中。现国内外庭院常见栽培。三垟湿地有引种栽培。

习性：喜光，稍耐阴，颇耐寒。喜肥沃且适当湿润而排水良好的弱酸性土壤。根肉质，畏水淹。生长速度较慢。

应用：本种花大、洁白而芳香，是我国著名的早春花木，最宜列植堂前、点缀中庭。亦可丛植于草坪或针叶树丛之前造景。用于室内瓶插观赏。木材可供制小器具或雕刻用。树皮可入药。种子可供榨油。花瓣质厚而清香，可裹面油煎食用，又可糖渍，香甜可口。

木兰科（Magnoliaceae）

59 紫玉兰

学名：*Yulania liliiflora*
科属：木兰科玉兰属
别名：木兰、辛夷、木笔

形态：落叶小乔木。高3～5m。小枝紫褐色，无毛。叶椭圆形或倒卵状长椭圆形，长10～18cm，先端渐尖，基部楔形，背面脉上有毛。花大，花瓣6，外面紫色，内面近白色；萼片3，黄绿色，披针形，长约为花瓣1/3，早落。果柄无毛，聚合果深紫褐色。花期3～4月，叶前开放；果期9～10月。

分布：原产于我国中部，现除严寒地区外都有栽培。

习性：喜光，不耐严寒，北京地区需在小气候条件较好处才能露地栽培。喜肥沃、湿润而排水良好的土壤，在过于干燥及碱土、黏土上生长不良。根肉质，怕积水。

应用：宜配植于庭院室前，或丛植于草地边缘。可作玉兰、二乔玉兰等之砧木。树皮可治腰痛、头痛等症。花可供提制芳香浸膏；花蕾入药，有散风寒、止痛、通窍、清脑的功效。

3 被子植物门

蜡梅科（Calycanthaceae）
60 蜡梅

学名：*Chimonanthus praecox*
科属：蜡梅科蜡梅属
别名：腊梅、蜡木、黄梅花

形态：落叶灌木。株高可达4m。叶纸质至近革质，顶端急尖至渐尖，有时具尾尖。花生于第二年生枝条叶腋内，先花后叶；具芳香；萼片与花瓣无明显区别，外轮黄色，内轮常有紫褐色花纹。果托坛状或倒卵状椭圆形。花期11月至次年3月；果期4～11月。

分布：产于我国西南、华中及陕西等地，多生于山地林中。我国各地广泛栽培。

习性：喜阳光，也耐半阴，耐寒，较耐湿，耐热性差。对土壤要求不严。

应用：花色靓丽，又在少花的冬季开放，极适合公园、庭园、小区及园林绿地等群植或孤植，也可与松、竹等植物配植。

樟科（Lauraceae）

61 樟

学名：*Cinnamomum camphora*
科属：樟科樟属
别名：香樟、樟树

形态：常绿乔木。高可达50m，胸径4~5m。树冠广卵形。树皮灰褐色，纵裂。叶互生，卵状椭圆形，长5~8cm，离基三出脉，脉腋有腺体，全缘。圆锥花序腋生于新枝，花被淡黄绿色，6裂。核果球形，径约6mm，熟时呈紫色；果托盘状。花期5月；果期9~11月。

分布：原产于我国南部各地区，越南、朝鲜、日本等地亦有分布。

习性：喜光，稍耐阴，喜温暖湿润气候，耐寒性不强。对土壤要求不严，但不耐干旱、瘠薄和盐碱土。主根发达，深根性，能抗风。萌芽力强，耐修剪。

应用：枝叶茂密，冠大荫浓，树姿雄伟，广泛用作庭荫树、行道树、防护林及风景林。木材致密优美，易加工，耐水湿，有香气，抗虫蛀，供建筑、造船、家具、箱柜、雕刻、乐器等用。全树各部均可供提制樟脑及樟油。

樟科（Lauraceae）

62 天竺桂

学名：*Cinnamomum japonicum*
科属：樟科樟属
别名：浙江樟、浙江桂

形态：常绿乔木。高达15m。树皮褐色，有香味。叶较大，近对生，硬革质，椭圆状长椭圆形，长10～22cm，宽4～6cm，全缘，离基三出脉。花黄色；圆锥花序大，近顶生，短于或与叶等长。果小，椭圆形。花期4～5月；果期9～10月。

分布：原产浙江，分布于我国华东、华中、河南等地区。温州地区平原有大量引种。

习性：中性树种，喜温暖湿润气候，在排水良好的微酸性土壤上生长最好，对二氧化硫抗性强。

应用：枝叶茂密，树形紧凑，树姿雄伟，广泛用作庭荫树、行道树、防护林及风景林。

十字花科（Brassicaceae）

63 诸葛菜

学名：*Orychophragmus violaceus*
科属：十字花科诸葛菜属
别名：二月兰

形态：二年生草本。高30～80cm。下部叶片大头状羽裂，上部叶卵形，抱茎。总状花序顶生，花瓣4，紫色。长角果线形。花期3～5月；果期4～6月。

习性：原产于我国华东、华北、东北地区。三垟湿地有播种营造早春花海。

习性：喜温暖湿润的半阴环境，耐阴，耐寒，耐干旱。不择土壤，自播能力强。

应用：本种冬季绿叶葱翠，早春花开成片，十分壮观，且花期长，适宜作疏林下观花地被。嫩茎叶可炒食，种子可榨油。

金缕梅科（Hamamelidaceae）

64 枫香树

学名：*Liquidambar formosana*
科属：金缕梅科枫香树属
别名：枫香

形态：落叶乔木。高达40cm，胸径1.5m。树冠广卵形。树皮灰色，老时不规则剥落。叶常为掌状3裂，长6～12cm，基部心形或截形，裂片先端尖，缘有锯齿。雌雄异株，雄性短穗状花卉，雌性头状花序。果序较大，径3～4cm，宿存花柱长达1.5cm；刺状萼片宿存。花期3～4月；果期10月。

分布：产于我国长江流域及以南地区。温州地区作为主要的秋色叶树种大量栽培。

习性：喜光，幼树稍耐阴，喜温暖湿润气候及深厚湿润土壤，也能耐干旱瘠薄，但较不耐水湿。萌蘖性强，可天然更新。深根性，主根粗长，抗风力强。

应用：本种树高干直，树冠宽阔，气势雄伟，深秋叶色红艳，美丽壮观，是南方著名的秋色叶树种。适合在我国南方低山、丘陵地区营造风景林。亦可在园林中栽作庭荫树，或于草地孤植、丛植，或于山坡、池畔与其他树木混植。具有较强的耐火性和对有毒气体的抗性，可用于厂矿区绿化。

金缕梅科（Hamamelidaceae）
65 红花檵木

学名：*Loropetalum chinense* var. *rubrum*
科属：金缕梅科檵木属
别名：继木、枳木、桎木

形态：常绿灌木或小乔木。高4～12m。小枝、嫩叶及花萼均有锈色星状短柔毛。叶暗紫色，卵形或椭圆形，先端锐尖，全缘，背面密生星状柔毛。花瓣带状线形，花红色；花3～8朵簇生于小枝端。蒴果褐色，近卵形，有星状毛。花期4～5月；果期8月。

分布：原产于湖南、广西。广泛栽培于长江流域各省区。多生于山野及丘陵灌丛中。温州常见栽培。

习性：喜温暖湿润气候，耐半阴。对土壤要求不严，适应性较强。

应用：花繁密而显著，春夏开花如锦缎，丛植于草地、林缘或山石间配合都很合适，亦可用作风景林之下层木。木材坚实耐用。枝叶可供提制栲胶。根、叶、花、果均可药用，能解热、止血、通经、活络。

金缕梅科（Hamamelidaceae）
66 壳菜果

学名：*Mytilaria laosensis*
科属：金缕梅科壳菜果属
别名：米老排

形态：常绿乔木。高达30m。胸径80cm；树冠球状伞形。树干通直。树皮暗灰褐色。小枝具环状托叶痕。叶宽卵圆形，长10～13cm，全缘或3浅裂，掌状五出脉。花两性，肉穗状花序顶生或腋生。蒴果长1.5～2cm，黄褐色。花期6～7月；果期10～11月。

分布：产于我国云南、广西及广东等地区。温州三垟湿地有引种栽培。

习性：喜光，幼苗期耐荫庇，喜暖热、干湿季分明的热带季雨林气候；抗热、耐干旱、能耐-4.5℃的低温。适生于深厚湿润、排水良好的山腰与山谷阴坡、半阴坡地带。萌芽性强，萌芽更新能力强，耐修剪。

应用：树冠圆满，生长迅速，叶形奇特，在公园或景区可与其他树种混栽，作背景树应用。木材可供造纸、建筑或家具、室内装饰等用。

蔷薇科（Rosaceae）
67 桃花

学名：*Amygdalus persica*
科属：蔷薇科桃属
别名：桃花

形态：落叶小乔木。高达8m。小枝红褐色或褐绿色。叶椭圆状披针形，长7~15cm，先端渐尖，基部阔楔形，缘有细锯齿；叶柄有腺体。花单生，径约3cm，粉红色，近无柄，萼外被毛。果近球形，径5~7cm，表面密被绒毛。花期3~4月，先叶开放；果期6~9月。

分布：原产于中国，在华北、华中、西南等地山区仍有野生桃树。现各地广泛栽培。

习性：喜光，耐旱，喜肥沃且排水良好土壤，不耐水湿。喜夏季高温，有一定的耐寒力，根系较浅，寿命较短。

应用：食用桃可在风景区大片栽种，或在园林中游人少到处辟专园种植。观赏种则山坡、水畔、石旁、墙际、庭院、草坪边俱宜，须注意选阳光充足的地方。木材可作工艺用材。食用桃为著名果品，鲜食味美多汁，亦可加工成罐头、桃脯、桃酱、桃干等食用。桃仁为镇咳祛痰药，花能利尿泻下，枝、叶、根亦可药用。

同属常见栽培应用的品种有以下3种。

①紫叶碧桃（'Atropurpurea'）：嫩叶鲜红色，后渐变为暗绿色，花单瓣或重瓣，粉红色或大红色。

②帚桃（'Pyramidalis'）：又名塔形桃，枝条近直立向上，形成窄塔形态树冠。

③菊花桃（'Stellata'）：花鲜桃红色，花瓣细而多，形似菊花。

3 被子植物门

蔷薇科（Rosaceae）
68 梅花

学名：*Armeniaca mume*
科属：蔷薇科杏属
别名：一枝春、玉梅、玉蝶

形态：落叶小乔木。高达10m。树干褐紫色，有纵驳纹。小枝细，多为绿色。叶广卵形至卵形，长4～10cm。花1～2朵同生于1芽内，淡粉色或白色，有芳香，在冬季或早春叶前开放。果球形，绿黄色密被细毛，径2～3cm，核面有凹点且甚多；果肉粘核，味酸。花期1～2月；果期5～6月。

分布：野生于我国西南山区，现全国各地均有栽培。

习性：喜阳光，性喜湿暖而略潮湿的气候，较耐寒。对土壤要求不严格，较耐瘠薄土壤，亦能在轻碱性土中正常生长。忌积水。

应用：最宜植于庭院、草坪、低山丘陵，可孤植、丛植及群植，又可作盆栽观赏或加以整剪做成各式桩景或作切花瓶插供室内装饰用。材质坚韧富弹性，可供雕刻、算珠及各种细工用。根及花亦有解毒活血的功效。果又可入药，有收敛止痢、解势镇咳及驱虫的功效。果实除可鲜食外，主要供加工制成各种食品，如陈皮梅、梅干、乌梅等。

蔷薇科（Rosaceae）
69 日本晚樱

学名：*Cerasus serrulata* var. *lannesiana*
科属：蔷薇科樱属
别名：樱花、晚樱

形态：落叶灌木或小乔木。高可达8m。树皮带银灰色。叶片长椭圆形至倒卵形，长5～12cm，边缘有渐尖的重锯齿，多少带刺，芒状。伞房状总状花序3～6朵组成，花先叶开放，初放时淡红色，后白色。核果近球形，熟时由红色变紫褐色。花期4月中下旬；果期6～7月。

分布：引自日本，我国各地庭园均有栽培。温州各大公园常见栽培应用。

习性：性喜光，较耐寒。适生于土层深厚、肥沃、排水良好的土壤。

应用：花大而芳香，盛开时繁花似锦，作为园林观花树种，适宜丛植、群植、列植等。

蔷薇科（Rosaceae）

70 东京樱花

学名：*Cerasus yedoensis*
科属：蔷薇科樱属
别名：日本樱花、江户樱花

形态：落叶乔木。高可达16m。树皮暗褐色，平滑。叶卵状椭圆形至倒卵形，长5~12cm。花白色至淡粉红色，径2~3cm，常为单瓣，微香；花梗长约2cm，有短柔毛；3~6朵排成短总状花序。核果，近球形，径约1cm，黑色。花期3月底至4月初，先叶或与叶同时开放；果期5月。

分布：原产于日本。我国多有栽培，尤以华北及长江流域各城市为多。温州各大公园绿地普遍栽培。

习性：性喜光，较耐寒。生长较快但树龄较短，盛花期在20~30年树龄，50~60年树龄则进入衰老期。

应用：春天开花时满树灿烂，具有震撼的效果，但花期很短，仅能保持1周左右，随即谢尽。宜栽植于山坡、庭院、建筑物前及园路旁。

蔷薇科（Rosaceae）
71 枇杷

学名：*Eriobotrya japonica*
科属：蔷薇科枇杷属
别名：卢橘

形态：常绿小乔木。高可达10m。小枝、叶背及花序密生锈色或灰棕色绒毛。单叶互生，叶片革质，长10～30cm，宽3～10cm，边缘有疏锯齿。圆锥花序花多而紧密；花白色，芳香。果近球形或长圆形，黄色或橙黄色。花期10～12月；果期次年5～6月。

分布：原产于我国四川、湖北等地区。长江流域、江淮、华南等地区广泛栽培。

习性：喜光，稍耐荫庇，喜温暖气候及湿润肥沃排水良好的土壤，生长缓慢，稍耐寒。

应用：树形整齐美观，叶常绿富有光泽，初夏果实累累，冬季白花盛开，宜于庭院、绿地栽培观赏。

蔷薇科（Rosaceae）

72 棣棠花

学名：*Kerria japonica*
科属：蔷薇科棣棠花属
别名：黄榆树、黄度梅

形态：落叶丛生无刺灌木。高1.5~2m。小枝绿色，光滑，有棱。叶卵形至卵状椭圆形，长4~8cm，先端长尖，基部楔形或近圆形，缘有尖锐重锯齿。花金黄色，径3~4.5cm，单生于侧枝顶端。瘦果黑褐色，生于盘状花托上，萼片宿存。花期4月下旬至5月底。

分布：产于我国河南及华东、华中、华南、西南等地区。温州地区有野生，公园习见栽培。

习性：喜温暖、半阴而略湿的地方。在野生状态多在山涧、岩石旁、灌丛中或乔木林下生长。

应用：花、叶、枝俱美，丛植于篱边、墙际、水畔、坡地、林缘及草坪边缘，或栽作花径、花篱及点缀假山等。

同属常见栽培的品种有重瓣棣棠花（f. *pleniflora*），花重瓣。

蔷薇科（Rosaceae）

73 垂丝海棠

学名：*Malus halliana*
科属：蔷薇科苹果属
别名：海棠花、锦带花

形态：小乔木。高5m。树冠疏散。叶卵形至长卵形，长3.5～8cm，叶柄及中脉常带紫红色。花4～7朵簇生于小枝端，鲜玫瑰红色，径3～3.5cm，花梗细长下垂，紫色花序中常有1～2朵花无雌蕊。果倒卵形，径6～8mm，紫色。花期4月；果期9～10月。

分布：产于我国江苏、浙江、安徽、陕西、四川、云南等地区，各地广泛栽培。

习性：喜温暖湿润气候，耐寒性不强，在良好的小气候条件下勉强能露地栽植。

应用：花繁色艳，朵朵下垂，是著名的庭园观赏花木。在江南庭园中尤为常见。

蔷薇科（Rosaceae）

74 西府海棠

学名：*Malus × micromalus*
科属：蔷薇科苹果属
别名：海红、子母海棠

形态：落叶乔木。高可达8m。叶片椭圆形至长椭圆形，长5~8cm；托叶膜质，披针形，全缘。花序近伞形，具花5~8朵；花梗细长；花瓣卵形，初开放时粉红色至红色，后变白色。果实近球形，红色，萼裂片少数宿存。花期4~5月；果期9月。

分布：原产我国，现辽宁、河北、山西、山东、陕西、甘肃、云南等地均有栽培。

习性：喜光，耐寒，忌水涝，忌空气过湿，较耐干旱。对土质和水分要求不高，最适生于肥沃、疏松又排水良好的沙质壤土。

应用：花色艳丽，不论孤植、列植、丛植均极为美观，多栽于庭园、公园作观赏树。果实可鲜食或制作蜜饯。

蔷薇科（Rosaceae）
75 石楠

学名：*Photinia serratifolia*
科属：蔷薇科石楠属
别名：千年红、扇骨木

形态：常绿小灌木或小乔木。高达12m。全体几无毛。叶长椭圆形至倒卵状长椭圆形，长8～20cm，先端尖，基部圆形或广楔形，缘有细尖锯齿，革质有光泽，幼叶带红色。花白色，径6～8mm，成顶生复伞房花序。果球形，直径5～6mm，红色。花期5～7月；果期10月。

分布：产于我国中部及南部；生于海拔1000～2500m的杂木林中。

习性：喜光，稍耐阴；喜温暖，尚耐寒。喜排水良好的肥沃土壤，不耐水湿。生长较慢。

应用：树冠圆形，枝叶浓密，早春嫩叶鲜红，秋冬结红果，是美丽的观赏树种。于园林中孤植、丛植及基础栽植都甚为合适，木材坚硬致密，可作器具柄、车轮等用材。种子可榨油供制肥皂等。叶和根供药用，有强壮、利尿、解热、镇痛的功效。

蔷薇科（Rosaceae）
76 美人梅

学名：*Prunus × blireana*
科属：蔷薇科李属
别名：樱李梅

形态：落叶小乔木或灌木。叶片卵圆形，长5～9cm，叶紫红色，叶缘有细锯齿。花色浅紫，重瓣花，花瓣15～17枚，先叶开放；雄蕊多数，花粉红色，繁密；先花后叶；紫红色。花期早春。

分布：法国引进。由重瓣粉型梅花与红叶李杂交而成。温州地区有栽培应用。

习性：喜光也稍耐阴，抗寒。适应性强，以温暖湿润的气候环境和排水良好的沙质壤土最为有利。怕盐碱和涝洼。浅根性，萌蘖性强，对有害气体有一定的抗性。

应用：著名色叶树种，叶常年紫红色，孤植群植皆宜，能衬托背景。

蔷薇科（Rosaceae）

77 紫叶李

学名：*Prunus cerasifera* f. *atropurpurea*
科属：蔷薇科李属
别名：红叶李

形态：落叶小乔木。高达8m。小枝光滑。叶卵形至倒卵形，长3～4.5cm，端尖，基圆形，重锯齿尖细，紫红色，背面中脉基部有柔毛。花淡粉白色，径2～2.5cm，常单生，花梗长1.5～2cm。果球形，暗酒红色。花期3～4月上旬；果期8月。

分布：园艺栽培品种。现广泛栽培于全国各大城市。

习性：喜光也稍耐阴，抗寒，适应性强，以温暖湿润的气候环境和排水良好的沙质壤土最为有利。怕盐碱和涝洼。浅根性，萌蘖性强，对有害气体有一定的抗性。

应用：著名色叶树种，早春先花后叶，殊为壮观。叶常年紫红色，孤植群植皆宜，能衬托背景。果可食用。

3 被子植物门

蔷薇科（Rosaceae）
78 火棘

学名：*Pyracantha fortuneana*
科属：蔷薇科火棘属
别名：火把果

形态：常绿灌木。高约3m。枝拱形下垂，短侧枝常成刺状。叶倒卵形至倒卵状长椭圆形，长1.5～6cm，先端圆钝微凹，叶缘有圆钝锯齿，齿尖内弯。花白色，径约1cm，成复伞房花序。果近球形，红色，径约5mm。花期5月；果期9～10月。

分布：产于我国华东、华中、华南、西南等地区。三垟湿地常见栽培，可作为引鸟植物。

习性：喜温暖湿润与阳光充足环境，较耐寒，稍耐旱。栽培宜深厚肥沃、排水良好的土壤。

应用：本种枝叶茂盛，初夏白花繁密，入秋果红如火，且留存枝头甚久，美丽可爱。在庭院中常作绿篱及基础种植材料，也可丛植或孤植于草地边缘或园路转角处。果枝还是瓶插的好材料。果可供酿酒或磨粉代食。

豆科（Leguminosae）

79 合欢

学名：*Albizia julibrissin*
科属：豆科合欢属
别名：绒花树、合昏、夜合花

形态：落叶乔木。高达16m。树冠扁圆形，常呈伞状；树皮褐灰色，主枝较低。叶为二回羽状复叶，羽片4~12对，各有小叶10~30对；小叶镰刀状长圆形。花序头状，多数排成圆锥状；萼及花瓣均黄绿色；雄蕊多数，如绒缨状，花丝粉红色。荚果扁条形，长9~17cm。花期6~7月；果期9~10月。

分布：产于亚洲及非洲。分布于我国自黄河流域或至珠江流域之广大地区。

习性：性喜光，但树干皮薄，畏暴晒，暴晒易开裂。耐寒性略差。对土壤要求不严，能耐干旱、瘠薄，但不耐水涝。生长迅速，枝条开展，树冠常偏斜，分枝点较低。

应用：树姿优美，叶形雅致，盛夏绒花满树，宜作庭荫树、行道树，植于林缘、房前、草坪、山坡等地。木材纹理通直，质地细密，经久耐用，可供制造家具、农具、车船等用。树皮及花入药，能安神、活血、止痛。嫩叶可食，老叶浸水可洗衣。

豆科（Leguminosae）
80 羊蹄甲

学名：*Bauhinia purpurea*
科属：豆科羊蹄甲属
别名：紫羊蹄甲

形态：常绿乔木。高4~8m。叶近革质，广椭圆形至近圆形，先端分裂，有掌状脉9~13条。伞房花序顶生；花玫瑰红色，有时白色，花萼裂为几乎相等的2裂片；花瓣倒披针形；能育雄蕊3~4。荚果扁条形，长15~30cm，略弯曲。花期10月；果期2~3月。

分布：分布于福建、广东、广西、云南等地区。温州地区在1997年前大量引种。

习性：喜温暖湿润的热带气候，喜光，稍耐阴。对土壤要求不严。

应用：树冠开展，枝丫低垂，花大而美丽，秋冬开放，叶片形如羊蹄，极具特色。在广州及其他华南城市常作行道树及庭园风景树用。材质坚重，有光泽，可作细工、农具材料。树皮含单宁。嫩叶治咳嗽。花芽经盐渍可作蔬菜食用。

同属常见栽培应用的有以下2种。

①红花羊蹄甲 *Bauhinia* × *blakeana*：花紫红色，能育雄蕊5枚，其中3枚较长；退化雄蕊2～5枚。花期全年，3～4月为盛花期。

②白花洋紫荆 *Bauhinia variegata* var. *candida*：花白色，花期全年，3～4月为盛花期。

豆科（Leguminosae）

81 紫荆

学名：*Cercis chinensis*
科属：豆科紫荆属
别名：满条红

形态：落叶灌木。叶近圆形，长6～14cm，叶端急尖，叶基心形，全缘，两面无毛。花紫红色，4～10朵簇生于老枝上。荚果薄革质，沿腹缝线有窄翅。花期4月，先叶开放；果期10月。

分布：产于我国黄河流域以南各地区。温州地区常见早春花灌木。

习性：喜光，较耐寒性。喜肥沃、排水良好土壤，不耐淹。萌蘖性强，耐修剪。

应用：宜丛植于庭院、建筑物前及草坪边缘。常与松柏配植为前景或植于浅色的物体前面。树皮及花梗可入药，有解毒消肿的功效。种子可制农药，有驱杀害虫的功效。

3 被子植物门

豆科（Leguminosae）

82 野大豆

学名：*Glycine soja*
科属：豆科大豆属
别名：小落豆、小落豆秧

形态：一年生缠绕草本。长1~4m。全体疏被褐色长硬毛。叶具3小叶，长可达8cm；托叶卵状披针形，急尖，被黄色柔毛；顶生小叶卵圆形，先端锐尖至钝圆，基部近圆形，全缘，侧生小叶斜卵状披针形。总状花序通常短，稀长可达13cm；花小；花冠淡红紫色，稀白色。花期7~8月；果期8~10月。

分布：除新疆、青海和海南外，遍布全国。生于潮湿的田边、园边、沟旁、湖边、沼泽向阳的矮灌木丛或芦苇丛中。三垟湿地有野生分布。

习性：喜阳光充足的温暖湿润环境；耐寒。喜排水良好土壤，耐贫瘠。适应性强，具抗旱、抗病、耐瘠薄等优良性状。

应用：国家二级保护野生植物，重要的农业种质资源。可栽作牧草、绿肥和水土保持植物。种子及根、茎、叶均可入药。

豆科（Leguminosae）

83 紫藤

学名：*Wisteria sinensis*
科属：豆科紫藤属
别名：招豆藤、藤萝

形态：落叶攀援灌木。藤长达10m。茎粗壮，分枝多，茎皮灰黄褐色。奇数羽状复叶，互生，长12~40cm；小叶7~13，全缘。总状花序侧生，下垂，长15~30cm，花大，花梗长2.5~4cm；花冠蝶形，紫色或深紫色。荚果长条形，扁平，长10~20cm，密生黄色绒毛。花期4~5月；果期9~11月。

分布：广布于我国华北、华东、华中、西南等地区，长江以南有野生。生于山坡、疏林缘、溪谷两旁及空旷草地。

习性：喜光，略耐阴，抗寒力强，能耐-25℃的低温。耐旱，耐水湿，耐瘠薄。主根深，侧根少，故在土层深厚、土质疏松的土壤中生长良好。不宜移植，生长快，寿命长。对二氧化硫、氯气、氟化氢有一定抗性。

应用：著名观赏藤木，春季紫花烂漫，别有情趣，常用于庭院棚架、廊架、花架。在庭院中也可单独栽植于庭前、墙角，不设支架，枝条顺其自然地蔓生成丛状；也可缠绕于花架、花门或枯树上。

芸香科（Rutaceae）

84 柚

学名：*Citrus maxima*
科属：芸香科柑橘属
别名：柚子、香泡

形态：常绿小乔木。高5～10m。小枝有毛，刺较大。叶卵状椭圆形，长6～17cm，叶缘有钝齿；叶柄具宽大倒心形之翼。花两性，白色，单生或簇生叶腋。果极大，球形、扁球形或梨形，径15～25cm，果皮平滑，淡黄色。春季开花；果期9～11月。

分布：原产于印度，中国南部地区有较久的栽培历史。

习性：喜暖热湿润气候及深厚、肥沃且排水良好的中性或微酸性沙质壤土或黏质壤土，但在过分酸性及黏土地区生长不良。

应用：亚热带著名水果，可作果树经营，亦可作观赏树。木材坚实致密，为优良的家具用材。根、叶、果皮均可入药，有消食化痰、理气散结的功效。种子榨油供制皂、润滑及食用。

芸香科（Rutaceae）
85 瓯柑

学名：*Citrus reticulata* 'Suavissima'
科属：芸香科柑橘属
别名：海红

形态：常绿小乔木或灌木。高约3m。小枝较细弱，无毛，通常有刺。叶长卵状披针形，长4～8cm，叶端渐尖而钝；叶柄近无翼。花黄白色，单生或簇生叶腋。果梨形或高扁球形，径5～7cm，橙黄色或橙红色；果皮薄易剥离。花期4～5月；果期10～12月。

分布：温州市瓯海区特产，传统柑橘品种，栽培历史悠久，中国国家地理标志产品。宋元明清时均被朝廷列为贡品，其栽培历史约有2400年。

习性：喜温暖温润气候，耐寒性较柚、酸橙、葫橙稍强，可在江苏南部栽培且生长良好。

应用：四季常青，枝叶茂密，树姿整齐，除专门作果园经营外，也宜于供庭园、绿地及风景区栽植，既有观赏价值又获经济收益。瓯柑的果皮晒干后可入药，即中药陈皮，有理气化痰、和胃的功效；核仁及叶也有活血散结、消肿的功效。

芸香科（Rutaceae）

86 椿叶花椒

学名：*Zanthoxylum ailanthoides*
科属：芸香科花椒属
别名：樗叶花椒、满天星、刺椒

形态：落叶乔木。高达15m。茎干有鼓钉状锐刺，当年生枝髓常空心，花序轴及小枝顶部常散生短直刺。羽状复叶有小叶11～27片或稍多；小叶整齐对生，狭长披针形或近卵形，长7～18cm。花序顶生，多花，花瓣淡黄白色，长约2.5mm。分果瓣淡红褐色，干后淡灰色或棕灰色，油点多，干后凹陷。花期8～9月；果期10～12月。

分布：分布于我国东南地区。温州地区常见零星野生。

习性：喜温暖气候和光照较充足的环境，耐阴，不甚耐寒。喜湿润肥沃壤土。

应用：在园林中可配置于山坡林缘。果实可作调味品。种子可供榨油。

楝科（Meliaceae）

87 楝

学名： *Melia azedarach*
科属： 楝科楝属
别名： 苦楝、楝树

形态： 落叶乔木。高15～20m。枝条广展，树冠近于平顶。树皮暗褐色，浅纵裂。小枝粗壮，皮孔多而明显。二至三回奇数羽状复叶，小叶卵形至卵状长椭圆形，长3～8cm。花淡紫色，有香味；成圆锥状复聚伞花序。核果近球形，熟时黄色，宿存树枝，经冬不落。花期4～5月；果期10～11月。

分布： 全国各地均有分布。多生于低山及平原。三垟湿地常见乡土树种。

习性： 喜光，不耐荫庇；喜温暖湿润气候，耐寒力不强。对土壤要求不严。稍耐干旱、瘠薄，也能生于水边。萌芽力强，抗风，生长快。

应用： 树形优美，叶形秀丽，可草坪孤植、丛植，或配植于池边、路旁、坡地，是江南地区的重要"四旁"绿化及速生用材树种。木材可供家具、建筑、乐器等用。树皮、叶和果实均可入药，有驱虫、止痛等功效。种子可榨油，供制油漆、润滑油等。

楝科（Meliaceae）

88 毛麻楝

学名：*Chukrasia tabularis* var. *velutina*
科属：楝科麻楝属
别名：白椿

形态：半常绿或落叶乔木。高达20m。幼枝赤褐色，具苍白色皮孔。偶数羽状复叶，小叶10～18枚；小叶互生，纸质，卵状椭圆形，基部两侧不对称，两面被柔毛。圆锥花序顶生；花黄色带紫色，芳香。蒴果近球形或椭圆形，表面粗糙，成熟时3～5瓣裂。花期5～6月；果期10～11月。

分布：分布于亚热带地区，我国产于西藏、广东、海南、广西、云南等省区，越南至印度也有分布。温州地区常有引种栽培。

习性：喜温暖湿润气候，喜光，耐半阴，不择土壤，病虫害少。生长速度较快。

应用：本种树冠整齐，树姿开展，初夏圆锥花序醒目，可作风景树、庭荫树和行道树。

大戟科（Euphorbiaceae）

89 重阳木

学名： *Bischofia polycarpa*
科属： 大戟科重阳木属
别名： 端阳木

形态： 落叶乔木。高达15m。树皮褐色，纵裂。小叶卵形至椭圆状卵形，长5～11cm，先端突尖或突渐尖，基部圆形或近心形，缘有细钝齿，两面光滑无毛。雌雄异株，花小、绿色，成总状花序。浆果球形，径5～7mm，熟时红褐色。花期4～5月；果期9～11月。

分布： 产于我国秦岭—淮河流域以南至两广北部，在长江中下游平原可见。

习性： 喜光，稍耐阴，喜温暖气候，耐寒力弱，对土壤要求不严，在湿润、肥沃土壤中生长最好，能耐水湿。根系发达，抗风力强，生长较快。对二氧化硫有一定抗性。

应用： 本种枝叶茂密，树姿优美，早春嫩叶鲜绿光亮，入秋叶色转红，颇为美丽。宜作庭荫树及行道树，也可作堤岸绿化树种。于草坪、湖畔、溪边丛植点缀，可以形成壮丽的秋景。

大戟科（Euphorbiaceae）

90 算盘子

学名：*Glochidion puberum*
科属：大戟科算盘子属
别名：算盘珠、野南瓜、果盒仔

形态：落叶灌木。高1～2m。小枝有灰色或棕色短柔毛。叶互生，长椭圆形或椭圆形，长3～5cm，上面橄榄绿色或粉绿色，下面稍带灰白色，叶脉有密生毛。花小，单性，雌雄同株或异株，无花瓣，1至数朵簇生叶腋，常下垂。蒴果扁球形，顶上凹陷，外有纵沟。花期5～6月；果期8～9月。

分布：我国中部，南至广东、云南等地区均有分布。三垟湿地有栽培应用。

习性：性强健，适应性强，稍耐寒，耐半阴，耐干旱贫瘠。适生于肥沃、排水好的沙壤土。

应用：本种果实奇特，可供观赏，适宜片植或丛植于林缘边坡。种子可供榨油，含油量20%，供制肥皂或作润滑油。根、茎、叶和果实均可药用，有活血散瘀、消肿解毒的功效。全株可提制栲胶；叶可作绿肥。本种为酸性土壤的指示植物。

大戟科（Euphorbiaceae）

91 乌桕

学名：*Triadica sebifera*
科属：大戟科乌桕属
别名：桕树、木油树、木梓树

形态：落叶乔木。高达15m。树冠圆球形。树皮暗灰色，浅纵裂。叶菱状广卵形，纸质，先端尾状，叶柄顶端有2腺体。花单性，穗状花序顶生，长6～12cm，黄绿色。蒴果三棱状球形，熟时黑色，3裂。种子黑色，外被白蜡，固着于中轴上，经冬不落。花期5～7月；果期10～11月。

分布：在我国分布很广，主产于长江流域及珠江流域，浙江、湖北、四川等省栽培较集中。

习性：喜光，喜温暖气候及深厚肥沃、水分丰富的土壤。并有一定的耐旱、耐水湿及抗风能力。对土壤适应范围较广，主根发达，抗风力强。生长速度中等偏快，寿命较长。

应用：本种树冠整齐，叶形秀丽，入秋叶色红艳，宜植于水边、池畔、坡谷、草坪等处作景观树，亦作护堤树、庭荫树及行道树。木材坚韧致密，不翘不裂，可作车辆、家具和雕刻等用材。种子外被之蜡质称"桕蜡"，可提制皮油供制高级香皂、蜡纸、蜡烛等。种仁榨取的油称"桕油"或"青油"，供油漆、油墨等用。

大戟科（Euphorbiaceae）

92 油桐

学名：*Vernicia fordii*
科属：大戟科油桐属
别名：桐油树、三年桐

形态：落叶乔木。高达12m。树冠扁球形。树皮灰褐色。叶卵形，长7～18cm，全缘，有时3浅裂；叶基具2紫红色扁平无柄腺体。雌雄同株，花白色，径约3cm，基部有淡红褐色条斑。果实近球形，径4～6cm，先端尖，表面平滑。种子3～5粒。花期3～4月，稍先叶开放；果期10月。

分布：产于我国长江流域及其以南地区。

习性：喜光，喜温暖湿润气候，不耐寒。喜深厚、肥沃而排水良好的土壤，不耐水湿和干瘠。生长较快，但寿命较短。

应用：本种树冠圆整，叶大荫浓，花大而美丽，故可植为庭荫树及行道树。我国重要经济树种，种子榨出的桐油是优质干性油，用于涂舟、车、器物及油布等材料。

大戟科（Euphorbiaceae）
93 木油桐

学名：*Vernicia montana*
科属：大戟科油桐属
别名：千年桐

形态：落叶乔木。高达15m。树皮褐色。叶广卵圆形，长8～20cm，先端渐尖，全缘或3裂，在裂缺底部常有腺体；叶片基部心形，顶端有2具柄杯状腺体。花大，白色，多为雌雄异株。核果卵圆形，有3条明显纵棱和网状皱纹。花期4～5月；果期10月。

分布：产于我国东南至西南部。

习性：喜光，不耐荫庇，喜暖热多雨气候，耐寒性比油桐差。抗病性强，生长快，寿命比油桐长。

应用：本种树冠圆整，叶大荫浓，花大而美丽，故可植为庭荫树及行道树。种子榨油，用于涂舟、车、器物及油布等，但质量不如桐油。

漆树科（Anacardiaceae）

94 盐肤木

学名：*Rhus chinensis*
科属：漆树科盐肤木属
别名：五倍子树

形态：落叶小乔木。高达8～10cm。树冠圆球形。奇数羽状复叶，叶轴有狭翅，小叶7～13，卵状椭圆形，长6～14cm，边缘有粗钝锯齿。圆锥花序顶生，密生柔毛；花小，乳白色。核果扁球形，径约5mm，橘红色，密被毛。花期7～8月；果期10～11月。

分布：分布很广，除东北、内蒙古和新疆外，其余省区均有分布。温州三垟湿地有野生。

习性：喜光，喜温暖湿润气候，也耐寒冷和干旱。不择土壤，中性及石灰性土壤以及瘠薄干燥的沙砾地上都能生长。深根性，萌蘖性很强。生长快，寿命短。

应用：本种秋叶变为鲜红色，果实成熟时也呈橘红色，可植于园林绿地观赏或用来点缀山林风景。嫩叶主要供药用，也是染料、鞣革、塑胶等工业原料。树皮含单宁。种子榨油，供制肥皂和润滑油用。根入药，有消炎、利尿等功效。

3 被子植物门

冬青科（Aquifoliaceae）
95 枸骨

学名：*Ilex cornuta*
科属：冬青科冬青属
别名：鸟不宿、猫儿刺

形态：常绿灌木或小乔木。高可达10m。树皮灰白色，平滑不裂。叶硬革质，矩圆形，长4～8cm，宽2～4cm，顶端扩大并有3枚大尖硬刺齿，中央一枚向背面弯，基部两侧各有1～2枚大刺齿。花小，黄绿色，簇生于2年生枝叶腋。核果球形，鲜红色。花期4～5月；果期9～10（11）月。

分布：产于我国长江中下游各地区，多生于山坡谷地灌木丛中。

习性：喜光，稍耐阴；喜温暖气候及肥沃、湿润且排水良好的微酸性土壤，耐寒性不强。对有害气体有较强抗性。生长缓慢；萌蘖力强，耐修剪。

应用：本种枝叶稠密，叶形奇特，入秋红果累累，经冬不凋，是良好的观叶、观果树种。宜作基础种植及岩石园材料，也可孤植于花坛中心，对植于前庭、路口，或丛植于草坪边缘。是很好的绿篱材料，选其老桩制作盆景亦饶有风趣。枝、叶、树皮及果是滋补强壮药。种子榨油可供制肥皂。

同属常见栽培应用的有：无刺枸骨（var. *fortunei*），叶缘无刺齿。

槭树科（Aceraceae）
96 鸡爪槭

学名：*Acer palmatum*
科属：槭树科槭树属
别名：青枫

形态：落叶小乔木。高可达8～13m。树冠伞形。树皮平滑。枝张开，小枝细长，光滑。叶掌状5～9深裂，径5～10cm，基部心形，缘有重锯齿，背面脉腋有白簇毛。花杂性，紫色，径6～8mm，伞房花序顶生，无毛。翅果无毛，两翅展开成钝角。花期5月；果期10月。

分布：分布于我国长江流域各省。多生于海拔1200m以下的山地、丘陵之林缘或疏林中。

习性：弱阳性，耐半阴。喜温暖湿润气候及肥沃、湿润而排水良好的土壤，耐寒性不强。生长速度中等偏慢。

应用：本种树姿婆娑，叶形秀丽，入秋叶色变红，为珍贵的观叶树种。植于草坪、土丘、溪边、池畔，或于墙隅、亭廊、山石间点缀，均十分得体，若以长绿树或白粉墙作背景衬托，尤显美丽多姿。制成盆景或盆栽用于室内美化也极雅致。木材可作车轮及细木工用材。枝、叶可药用，能清热解毒、行气止痛，治关节酸痛、腹痛等症。

同属常见栽培应用的品种有以下3种。

①红叶鸡爪槭（'Atropurpureum'）：俗称红枫，叶常年红色或紫红色，株态、叶形同鸡爪槭。

②羽毛枫（'Dissectum'）：叶掌状深裂几达基部，裂片狭长有羽状细裂。树冠开展而枝略下垂，通常树体较矮小。我国华东各城市庭园中广泛栽培观赏。

③红羽毛枫('Ornatum')：株态、叶形同羽毛枫，惟叶色常年红色或紫红色。常植于庭园或盆栽观赏。

无患子科（Sapindaceae）
97 黄山栾树

学名： *Koelreuteria bipinnata*
科属： 无患子科栾树属
别名： 复羽叶栾树

形态： 落叶乔木。高达17～20m，胸径1m。树冠广卵形。树皮密生皮孔。二回羽状复叶，长30～40cm，小叶7～11，长椭圆状卵形，长4～10cm。花黄色，成顶生圆锥花序。蒴果椭圆球形，长4～5cm，顶端钝而有短尖。花期8～9月；果期10～11月。

分布： 产于我国江苏（南部）、浙江、安徽、江西、湖南、广东、广西等地区。多生于丘陵、山麓及谷地。

习性： 喜光，幼年期耐阴；喜温暖湿润气候。对土壤要求不严，微酸性、中性土上均能生长。深根性，不耐修剪。

应用： 本种枝叶茂密，宽大荫浓，初秋开花，黄金夺目，不久就有淡红色灯笼似的果实挂满树梢，十分美丽。宜作庭荫树、行道树及园景树栽植，也可用于居民区、工厂区及农村"四旁"绿化。木材坚重，可供建筑等用。根、花可供药用。种子可榨油，供工业用。

无患子科（Sapindaceae）

98 无患子

学名：*Sapindus mukorossi*
科属：无患子科无患子属
别名：皮皂子

形态：落叶或半常绿乔木。高达20～25m。树冠呈广卵形或扁球形。小枝无毛，两芽叠生。羽状复叶互生，小叶8～14，卵状披针形或卵状长椭圆形，长7～15cm，薄革质。圆锥花序顶生，花黄白色或带淡紫色。核果近球形，熟时黄色或橙黄色。种子球形，黑色，坚硬。花期5～6月；果期9～10月。

分布：产于我国长江流域及其以南各地区。为低山、丘陵及石灰岩山地习见树种。

习性：喜光，稍耐阴；喜温暖湿润气候，耐寒性不强；对土壤要求不严，以土层深厚、肥沃而排水良好的地方生长良好。深根性，抗风力强；萌芽力弱，不耐修剪。生长尚快，寿命长。对二氧化硫抗性较强。

应用：本种树形高大，树冠广展，绿荫稠密，秋叶金黄，宜作庭荫树及行道树。孤植、丛植在草坪、路旁或建筑物附近都很适合。若与其他秋色叶树种及长绿树种配植，更可为园林秋景增色。木材黄白色，较脆硬，可供农具、家具、木梳、箱板等用。果肉含皂素，可作肥皂使用。根及果入药。种子榨油可作润滑油用。

3 被子植物门

凤仙花科（Balsaminaceae）
99 凤仙花

学名： *Impatiens balsamina*
科属： 凤仙花科凤仙花属
别名： 指甲花、急性子、小桃红

形态： 一年生草本。高60～100cm。茎粗壮，肉质，直立。叶互生，最下部叶有时对生；叶片披针形、狭椭圆形或倒披针形。花单生或2～3朵簇生于叶腋，白色、粉红色或紫色，单瓣或重瓣。蒴果宽纺锤形，两端尖，密被柔毛。花期7～10月；果期11～12月。

分布： 中国各地庭园广泛栽培，为常见的观赏花卉。

应用： 性喜阳光，怕湿，耐热，不耐寒。适生于疏松肥沃微酸土壤中，但也耐瘠薄，在较贫瘠的土壤中也可生长。

应用： 民间庭院常见栽培观赏，亦常用其花及叶染指甲。茎及种子可入药；茎称"凤仙透骨草"，有祛风湿、活血、止痛的功效；种子称"急性子"，有软坚、消积的功效。

鼠李科（Rhamnaceae）

100 酸枣

学名：*Ziziphus jujuba* var. *spinosa*
科属：鼠李科枣属
别名：棘、棘子、野枣、山枣

形态：常为落叶灌木。叶较小，叶纸质，卵形或卵状椭圆形。花黄绿色，两性，5基数，无毛，具短总花梗，单生或2～8个密集成腋生聚伞花序。核果小，近球形或短矩圆形，直径0.7～1.2cm，具薄的中果皮，味酸，核两端钝。花期6～7月；果期8～9月。

分布：产于我国南北各地。温州地区有零星栽培。

应用：喜温暖干燥的环境，低洼水涝地不宜栽培，喜光，耐寒。对土质要求不严。

应用：本种种子"酸枣仁"入药，有镇定安神的功效。果实肉薄，但含有丰富的维生素C，生食或用来制作果酱。花芳香多蜜腺，为的重要蜜源植物之一。枝具锐刺，常用作绿篱。

葡萄科（Vitaceae）

101 地锦

学名：*Parthenocissus tricuspidata*
科属：葡萄科地锦属
别名：爬山虎

形态：落叶木质藤本。小枝圆柱形。卷须5~9分枝；卷须顶端嫩时膨大呈圆珠形，后遇附着物扩大成吸盘。叶为单叶，通常着生在短枝上为3浅裂，叶片通常倒卵圆形，基部心形，边缘有粗锯齿，基出脉5。花序着生在短枝上，基部分枝，形成多歧聚伞花序；花瓣5，黄绿色。果实球形，直径1~1.5cm。花期5~8月；果期9~10月。

分布：广布于全国各地。温州地区常见栽培。

应用：性喜阴湿环境，但不怕强光，耐寒，耐旱，耐贫瘠，耐修剪。怕积水，对土壤要求不严。对二氧化硫和氯化氢等有害气体有较强的抗性，对空气中的灰尘有吸附能力。

应用：园林绿化中很好的垂直绿化材料，既能美化墙壁，又有防暑隔热的作用。适宜在宅院墙壁、围墙、庭院入口处、桥头等处配置。果实可食或酿酒；藤茎可入药，具有破瘀血、消肿毒、祛风活络、止血止痛的功效。

3 被子植物门

149

杜英科（Elaeocarpaceae）

102 秃瓣杜英

学名：*Elaeocarpus glabripetalus*
科属：杜英科杜英属

形态：常绿乔木。高12m。嫩枝秃净无毛；老枝圆柱形，暗褐色。叶纸质或膜质，倒披针形，长8~12cm，宽3~4cm，先端尖锐，尖头钝。总状花序常生于无叶的去年枝上，长5~10cm；花瓣5片，白色，长5~6mm，先端较宽，撕裂为14~18条，基部窄，外面无毛。核果椭圆形，长1~1.5cm。花期7月。

分布：产于我国华东、广东、广西及贵州（南部）。多生于海拔1000m以下的山地杂木林中。温州地区常见作行道树栽培。

习性：喜温暖湿润及阳光充足环境，稍耐阴。对土壤要求不严。对二氧化硫抗性较强。

应用：本种秋冬至早春，部分树叶转为绯红色，红绿相间，鲜艳悦目。宜丛植、群植或对植，也可植于草坪边缘或用作花木背景。也适宜作工厂矿区的绿化树种。

3 被子植物门

椴树科（Tiliaceae）

103 田麻

学名： *Corchoropsis crenata*
科属： 椴树科田麻属
别名： 黄花喉草、白喉草、野络麻

形态： 一年生草本。高40～60cm。嫩枝与茎上有星芒状短柔毛。叶卵形或狭卵形，边缘有钝牙齿；两面密生星芒状短柔毛；基出脉3。花黄色，有细长梗；花瓣倒卵形；能育雄蕊15，每3个成一束；不育雄蕊5。蒴果圆筒形。花期8～9月，果期10月。

分布： 产于我国东北、华北、华东、中南及西南等地区。生于丘陵或低山干山坡或多石处。三垟湿地常见野生。

应用： 喜光，耐半阴，耐寒，耐干旱与土壤贫瘠。适应性强。

应用： 全草入药，具有清热利湿、解毒止血的功效。田麻的茎皮纤维可代黄麻制作绳索及麻袋。

锦葵科（Malvaceae）

104 木芙蓉

学名： *Hibiscus mutabilis*
科属： 锦葵科木槿属
别名： 芙蓉花

形态： 落叶灌木或小乔木。高2～5m。茎具星状毛或短柔毛。花大，径约8cm，单生枝端叶腋；花冠通常为淡红色，后变深红色；花梗长5～8cm，近顶端有关节。蒴果扁球形，有黄色刚毛及绵毛；果瓣5，径约2.5cm。种子肾形，有长毛。花期9～10月；果期10～11月。

分布： 原产于我国，黄河流域至华南均有栽培，尤以四川成都一带为盛。

习性： 喜光，稍耐阴；喜温暖气候，不耐寒。喜肥沃、湿润而排水良好的中性或微酸性沙质壤土。生长较快，萌蘖性强，对氯气、氯化氢也有一定抗性。

应用： 本种秋季开花，花大而美丽，宜植于水畔、庭院、坡地、路边、林缘及建筑前，或栽作花篱观赏。茎皮纤维洁白柔韧，可供纺织、制绳、造纸等用。花、叶及皮入药，有清热凉血、消肿解毒之效。

锦葵科（Malvaceae）

105 木槿

学名：*Hibiscus syriacus*
科属：锦葵科木槿属
别名：朝开暮落花、疟子花、篱障花

形态：落叶灌木或小乔木。高3～4m。小枝幼时密被绒毛，后渐脱落。叶菱状卵形，长3～6cm，基部楔形，端部常3裂，边缘有钝齿，仅背面脉稍有毛。花单生叶腋，径5～8cm，单瓣或重瓣，有淡紫、红、白等色。蒴果卵圆形，径约1.5cm，密生星状绒毛。花期6～9月；果期9～10月。

分布：原产于东亚，中国自东北南部至华南各地均有栽培，尤以长江流域为多。

习性：喜光，耐半阴；喜温暖湿润气候，也颇耐寒。适应性强，耐干旱及瘠薄土壤，但不耐积水。萌蘖强，耐修剪。对二氧化硫、氯气等抗性较强。

应用：本种夏秋开花，花期长而花朵大，是优良的园林观花树种。常作围篱及基础种植材料，也宜丛植于草坪、路边或林缘。因具有较强抗性，故也是工厂绿化的好树种。全株各部可入药，有清热、凉血、利尿等功效。茎皮纤维可作造纸原料。

3 被子植物门

梧桐科（Sterculiaceae）

106 梧桐

学名： *Firmiana simplex*
科属： 梧桐科梧桐属
别名： 青桐

花　　　叶

形态： 落叶乔木。高15～20m。树冠卵圆形。树干端直。树皮灰绿色。侧枝每年阶状轮生；小枝翠绿色。叶3～5掌状裂，叶长15～20cm。花萼淡黄绿色，开展或反卷。花后心皮分离成5蓇葖果，在成熟前即开裂呈舟形。种子棕黄色，大如豌豆，表面皱缩，着生于果皮边缘。花期6～7月；果期9～10月。

分布： 原产于我国及日本。我国华北至华南、西南各地区广泛栽培。温州地区有野生。

习性： 喜光，喜温暖湿润气候，耐寒性不强。喜肥沃、湿润、深厚而排水良好的土壤，深根性，直根粗壮。生长尚快，寿命较长。

应用： 本种树干端直，树皮光滑绿色，叶大而形美，绿荫浓密。适于草坪、庭院、宅前、坡地、湖畔孤植或丛植；也可栽作行道树及居民区、工厂区绿化树种。木材轻韧，纹理美观，可作乐器、箱盒、家具等用材。种子可炒食及榨油。叶、花、根及种子等均可入药，有清热解毒、祛湿健脾等功效。

花特写

花序　　果序

果序

山茶科（Theaceae）
107 山茶

学名：*Camellia japonica*
科属：山茶科山茶属
别名：茶花、耐冬

形态：常绿灌木或小乔木。高达10～15m。叶卵形、倒卵形或椭圆形。花单生或对生于枝顶或叶腋，大红色，径6～12cm；无梗；花瓣5～7，但亦有重瓣的，花瓣近圆形，顶端微凹；萼密被短毛，边缘膜质；花丝及子房均无毛。蒴果近球形，径2～3cm，无宿存花萼。种子椭圆形。花期2～4月；果期秋季。

分布：原产于我国和日本。我国中部及南方各省露地多有栽培，北部则行温室盆栽。温州市市花。

习性：喜半阴，最好为侧方荫庇。喜温暖湿润气候，酷热及严寒均不适宜。有一定的耐寒力，喜肥沃湿润、排水良好的微酸性土壤（pH 5～6.5），不耐碱性土。

应用：本种为中国传统的名花。叶色翠绿而有光泽，四季常青，花朵大，花色美，品种繁多，观赏期长达5个多月，在园林、庭园、室内等处普遍使用。木材可供细工用；种子含油45%以上，榨油可食用。花及根均可入药，性凉，有清热、敛血的功效。

160

山茶科（Theaceae）
108 茶梅

学名：*Camellia sasanqua*
科属：山茶科山茶属
别名：红梅、海红、山茶梅、耐冬花

形态：常绿灌木或小乔木。高3～6（13）m。嫩枝有毛。叶片革质，互生，椭圆形至倒卵形，长4～10cm，先端渐尖或急尖，边缘有锯齿。花1～2朵顶生，花朵平开，花瓣分散状，通常白色，径3.5～7cm，花丝离生，子房被白毛，稍有香气。蒴果球形。花期按品种不同从9～11月至次年1～3月。

分布：原产于日本南部及琉璃群岛。我国长江以南地区有栽培。温州地区常见栽培。

习性：喜光而稍耐阴，忌强光，属半阴性植物。较为耐寒，但一般以不低于-2℃为宜；畏酷热，高温时生长缓慢。宜生长在排水良好、富含腐殖质的微酸性土壤。抗性较强，病虫害少。

应用：本种为园林绿化的重要材料，具有花色美，花期长，叶片亮绿，树冠多姿，以及在高大树冠下能良好生长的习性，因此常被广泛应用于公园绿地、自然风景区和名胜古迹。在庭院之中，可小片群植或与其他树种搭配组合，也可作主景欣赏。

162

藤黄科（Guttiferae）

109 金丝桃

学名： *Hypericum monogynum*
科属： 藤黄科金丝桃属
别名： 土连翘

形态： 常绿灌木。高0.6～1m。小枝圆柱形，红褐色。叶无柄，长椭圆形，长4～8cm，基部稍抱。花鲜黄色，径3～5cm，单生或3～7朵成聚伞花序；花瓣5，宽倒卵形；雄蕊多数，较花瓣长；花柱细长，顶端5裂。蒴果卵圆形。花期6～7月；果期8～9月。

分布： 我国华北、华东、华中、华南、西南等地区均有分布。温州地区夏季观花灌木。

习性： 性喜光，略耐阴，耐寒性不强。喜生于湿润的河谷或半阴坡地沙壤土上。

应用： 本种花叶秀丽，是南方庭园中常见的观赏花木。可植于庭院内、假山旁及路边、草坪等处。华北多盆栽观赏，也可作为切花材料。果及根可入药，果可治百日咳，根有祛风湿、止咳、治腰痛的功效。

堇菜科（Violaceae）
110 长萼堇菜

学名： *Viola inconspicua*
科属： 堇菜科堇菜属
别名： 犁头草

形态： 多年生草本。无地上茎；根状茎垂直或斜生，较粗壮。叶均基生，呈莲座状；叶片三角状卵形或戟形。花淡紫色，有暗色条纹；花梗细弱，通常与叶片等长或稍高出于叶；萼片卵状披针形或披针形；距管状，长2.5~3mm，直，末端钝。蒴果长圆形。花果期3~11月。

分布： 广布于全国各地。三垟湿地有野生。

习性： 性喜光，喜湿润的环境，耐阴也耐寒。不择土壤，适应性极强。繁殖容易，能直播。

应用： 本种植株矮小，覆盖性好，花开成片，为优良的地被植物，可与蒲公英、紫云英、小毛茛等早春开花植物混栽，形成缀花草坪。

同属常见野生的有紫花地丁（*Viola philippica*）：多年生草本，高10～20cm。无地上茎。叶卵状披针形，叶缘具圆齿，叶柄较长具狭翅。花冠5瓣裂，蓝紫色，距细管状。花期3～4月。

瑞香科（Thymelaeaceae）

111 金边瑞香

学名：*Daphne odora* f. *marginata*
科属：瑞香科瑞香属
别名：风流树、睡香

形态：常绿直立小灌木。枝粗壮，小枝近圆柱形，紫红色或紫褐色。叶互生，纸质，长圆形或倒卵状椭圆形，边缘全缘，叶缘金黄色。花外面淡紫红色，内面肉红色，数朵至12朵组成顶生头状花序。花期2~4月；果期7~8月。

分布：我国栽培历史悠久。温州地区常见的春节年宵花卉。

习性：喜温暖湿润与阳光充足环境，耐半阴，不甚耐寒。喜深厚肥沃、排水顺畅的沙质壤土。

应用：本种为瑞香的园艺变形，姿态整齐，叶缘镶有金边，盛花期在春节期间，花色紫红鲜艳，香味浓郁，是备受推崇的年宵花卉，常盆栽置于室内观赏。

千屈菜科（Lythraceae）

112 紫薇

学名：*Lagerstroemia indica*
科属：千屈菜科紫薇属
别名：痒痒树、百日红

形态：落叶灌木或小乔木。高可达7m。树冠不整齐。枝干多扭曲。树皮淡褐色，薄片状剥落后特别光滑。小枝4棱，无毛。叶对生或近对生，椭圆形至倒卵状椭圆形，长3~7cm。花淡红色，顶生圆锥花序。蒴果近球形，6瓣裂。花期6~9月；果期10~11月。

分布：我国华北、华中、华南及西南均有分布。各地普遍栽培。

习性：喜温暖湿润气候，耐寒性较强。喜光，稍耐阴。耐旱，怕涝。生长较慢，寿命长。喜肥沃、湿润且排水良好的土壤。

应用：树姿优美、树干光洁，花色艳丽，花期极长，适宜种在庭院、公园、道路、景区等处作观赏树。盆栽及桩景观赏也十分常见。

千屈菜科（Lythraceae）
113 千屈菜

学名：*Lythrum salicaria*
科属：千屈菜科千屈菜属
别名：水柳、水枝锦

形态：多年生草本。高30~100cm。根状茎粗壮，横卧；地上茎4棱、多分枝。叶对生，披针形，全缘，无柄。花组成小聚伞花序，簇生，因花梗及总梗极短，因此花枝全形似一大型穗状花序；小花紫色，径约2cm，花瓣6，稍皱缩。蒴果扁圆形。花期6~10月；果期10~11月。

分布：原产于欧亚温带地区，广布于全国各地。野生多生长在沼泽、湖滩和水沟边，现各地广泛栽培。

习性：喜光、较耐寒，喜水湿，在浅水中生长最好，亦可露地旱栽。

应用：本种株型紧凑，花序整齐，花色艳丽醒目，花期长，是一种优良的观花植物。可成片布置于河岸边的浅水处，或作地被植物和花境材料。

石榴科（Punicaceae）

114 石榴

学名：*Punica granatum*
科属：石榴科石榴属
别名：安石榴、花石榴

形态：落叶灌木或乔木。高2～7m。叶对生或近簇生，长圆形或倒卵形，叶面亮绿色，背面淡绿色。花两性，1至数朵生于小枝顶端或叶腋，具短梗；花萼钟形，红色或淡黄色，质厚；花瓣生于花萼筒内，红色。浆果近球形，径6～12cm，果皮厚，顶端具宿存花萼。种子多数，乳白色或红色，外种皮肉质，可食。花期5～7月；果期9～10月。

分布：原产于巴尔干半岛至伊朗及其邻近地区。中国栽培石榴的历史，可上溯至汉代，据陆玑记载是张骞从西域引入的。

习性：喜温暖向阳的环境，耐旱，耐寒，也耐瘠薄，不耐涝和荫蔽。对土壤要求不严，但以排水良好的夹沙土栽培为宜。

应用：中国传统文化视石榴为吉祥物，视它为"多子多福"的象征。石榴树姿优美，枝叶秀丽，初春嫩叶抽绿，婀娜多姿；盛夏繁花似锦，色彩鲜艳；秋季累果悬挂，或孤植或丛植于庭院，游园之角，对植于门庭的出处，列植于小道、溪旁、坡地、建筑物之旁，也宜做成各种桩景和供瓶插花观赏。

蓝果树科（Nyssaceae）

115 喜树

- **学名**：*Camptotheca acuminata*
- **科属**：蓝果树科喜树属
- **别名**：旱莲、千丈树

形态：落叶乔木。高达25～30m。单叶互生，椭圆形至长卵形，长8～20cm，先端突渐尖，基部广楔形；叶柄常带红色。花单性同株，头状花序，雌花序顶生，雄花序腋生。坚果香蕉形，有窄翅，集生成球形。花期7月；果期10～11月。

分布：产于长江流域以南各地区。温州地区主要行道树及庭园树种。

习性：性喜光，稍耐阴。喜温暖湿润气候，较耐寒。较耐水湿，不耐干旱瘠薄。喜深厚肥沃湿润土壤，在酸性、中性及弱碱性土壤上均能生长。萌芽性强，速生。

应用：主干通直，树冠宽展，叶荫浓郁，是良好的"四旁"绿化树种。材质较软，易挠裂，可供造纸、板料、火柴杆、家具及包装用才。果实、根、叶、皮含喜树碱，可供药用，有清热、杀虫的功效。

桃金娘科(Myrtaceae)
116 桉

学名: *Eucalyptus robusta*
科属: 桃金娘科桉属
别名: 大叶桉

形态: 常绿乔木。高达20m。树皮宿存。小枝初生淡红色,渐变为褐色。叶互生,革质,揉之有香气,卵状披针形,侧脉横列,长8～18cm。伞形花序腋生或侧生,有花5～10朵,白花。蒴果碗状,径0.8～1cm。花期4～9月。

分布: 原产于澳大利亚。我国西南部和南部有栽培。温州地区栽培历史悠久。

习性: 喜温暖湿润气候,不耐寒。对土壤要求不严,但以疏松、肥沃土壤为宜。

应用: 本种树干高大挺拔,树冠庞大,树姿优美,生长迅速,可栽作行道树及庭荫树,也是重要的造林树种和沿海地区防风林树种。木材红色,纹理扭曲,不易加工,耐腐性较高。叶供药用。

野牡丹科（Melastomataceae）
117 巴西野牡丹

学名：*Tibouchina semidecandra*
科属：野牡丹科绵毛木属
别名：蒂杜花

形态：常绿小灌木，高0.3～1m。茎4棱，有毛。叶对生，椭圆形至披针形，长6～10cm，两面具细茸毛，全缘，基出3（5）主脉。短聚伞花序顶生，大型，蓝紫色，径5～7cm，花瓣5，雄蕊5长5短。蒴果坛状球形。几乎全年开花，每年5月至次年1月为盛花期。

分布：原产于巴西，我国华南地区有引种栽培。温州地区广为栽培。

习性：喜光；喜高温湿润的环境，稍耐寒，较耐旱；耐修剪。喜疏松肥沃、排水良好的酸性土壤。

应用：本种花大美丽且花期长，常见片植或丛植于草坪、林缘等处。适于盆栽阳台、花坛种植观赏。

菱科（Trapaceae）

118 欧菱

学名：*Trapa natans*
科属：菱科菱属
别名：黄菱、菱角、野菱

形态：一年生浮水或半挺水草本。根二型，着泥根铁丝状，生于水底泥中；同化根，羽状细裂，裂片丝状，淡绿色或暗红褐色。茎圆柱形，细长或粗短。叶二型，浮水叶互生，聚生于茎端，在水面形成莲座状菱盘，叶柄中上部膨大成海绵质气囊；沉水叶小。花小，单生于叶腋，花瓣4，白色。果具水平开展的2肩角，弯牛角形。花果期7～10月。

分布：广布于我国黄河流域与长江流域各地区。野生于湖泊、水塘或田沟内。三垟湿地特产。

习性：喜阳光，不耐阴，抗寒力强。对气候和土壤适应性很强。

应用：本种为湿地特色水生植物。菱肉含淀粉，幼嫩时可当水果生食，老熟果可熟食或加工制成菱粉，风干制成风菱可贮藏以延长供应，菱叶可作青饲料或绿肥。有助于健胃止痢，抗癌。菱柄外用，治皮肤多发性疣赘；菱壳烧灰外用，治黄水疮、痔疮。

柳叶菜科（Onagraceae）
119 黄花水龙

学名：*Ludwigia peploides* subsp. *stipulacea*

科属：柳叶菜科丁香蓼属

形态：多年生挺水草本。具匍匐茎，蔓生或直立生长。整株无毛，节间簇生白色气囊（气生根）。叶互生，长椭圆形。花开于枝顶，金黄色，径9～17mm。蒴果具10条纵棱。花期5～6月；果期8～10月。

分布：分布于我国华东、华中及内陆河川水域边或低洼湿地。三垟湿地有野生。

习性：喜温暖湿润的环境，喜光，不耐阴。土壤以富含有机质的肥沃壤土为佳。

应用：本种可用于湿地、溪沟水景绿化，亦可用于庭院水池。生长快速，对富营养化水体中氮、磷去除效果显著，可作为河网富营养化水体修复的植物之一。

柳叶菜科（Onagraceae）
120 丁香蓼

学名：*Ludwigia prostrata*
科属：柳叶菜科丁香蓼属
别名：丁子蓼、水丁香

形态：一年生草本。高40～60cm。叶互生；叶片披针形或长圆状披针形，全缘，近无毛，上面有紫红色斑点。花两性，单生于叶腋，黄色，花瓣4，稍短于花萼裂片。蒴果线状四方形，略具4棱，稍带紫色，成熟后室背不规则开裂。花期6～8月；果期9～11月。

分布：分布于我国南北各地。生长在沟边、草地、河谷、田埂、沼泽。三垟湿地常见野生。

习性：喜温暖湿润与阳光充足环境。不耐阴，较耐寒。适应性强，不择土壤。

应用：本种为湿地常见优势种，具有较好的净化水质的作用。全株入药，具清热解毒、利尿通淋、化瘀止血的功效。

小二仙草科（Haloragaceae）

121 狐尾藻

学名：*Myriophyllum verticillatum*
科属：小二仙草科狐尾藻属
别名：轮叶狐尾藻

形态：多年生粗壮沉水草本。根状茎发达，在水底泥中蔓延，节部生根。茎圆柱形，多分枝。秋季于叶腋中生出棍棒状冬芽而越冬。叶通常4片轮生，或3~5片轮生，水中叶较长，丝状全裂，无叶柄；裂片8~13对，互生；水上叶互生，披针形，较强壮，鲜绿色。花单性，雌雄同株或杂性，单生于水上叶腋内，每轮具4朵花。果宽卵形。花期6~7月；果期8~10月。

分布：为世界广布种，中国南北各地池塘、河沟、沼泽中常有生长，常与穗状狐尾藻混在一起。三垟湿地有栽培。

习性：喜温暖湿润与阳光充足环境，不耐荫庇。夏季生长旺盛。冬季生长慢，能耐低温。

应用：本种对富营养化水中的氮、磷均有较好的净化作用，是湖泊等生态修复工程中作为净化水质和植被恢复的先锋物种。一年四季可采收，可为猪、鱼、鸭的饲料。

五加科（Araliaceae）
122 八角金盘

学名：*Fatsia japonica*
科属：五加科八角金盘属

形态：常绿灌木。茎常成丛生状。叶片大，掌状7~9深裂，裂片椭圆形，边缘有疏离粗锯齿，先端渐尖，基部心形。伞形花序有花多数；花黄白色，花瓣5，卵状三角形。果近球形。花期10~11月；果期次年4~5月。

分布：原产于日本。我国长江三角洲地区广泛栽培应用。

习性：喜温暖湿润的半阴环境，耐阴湿，忌阳光直晒，稍微耐寒。对土壤要求不严，适应性强，生长强健，对二氧化硫有较强的抗性。

应用：本种为耐阴湿观叶地被植物。宜布置庭院、墙隅、建筑物背阴处或溪流边，群植于草坪边缘及林地下；也可在厂矿区种植。北方地区可盆栽室内观赏。

伞形科（Apiaceae）

123 水芹

学名：*Oenanthe javanica*
科属：伞形科水芹属
别名：野芹菜、楚葵

形态：多年生草本。高15～80cm。茎直立或基部匍匐。基生叶有柄，柄长达10cm，基部有叶鞘；叶片轮廓三角形，一至三回羽状分裂。复伞形花序顶生，花序梗长2～16cm；伞辐6～16，不等长；小伞形花序有花20余朵；花瓣白色。果实近于四角状椭圆形或筒状长圆形。花期6～7月；果期8～9月。

分布：产于中国。生于低湿地、浅水沼泽、河流岸边，或生于水田中。

习性：喜湿润、肥沃土壤，耐涝及耐寒性强。适宜生长温度15～20℃，能耐0℃以下的低温。

应用：本种为湿地高产特色野菜，以嫩茎和叶柄炒食，其味鲜美，盛产期在春节前后，正值冬季缺菜季节，在蔬菜周年供应上有较大的经济价值。全草民间也作药用，其味甘辛、性凉，入肺、胃经，有清热解毒、润肺利湿的功效。

杜鹃花科（Ericaceae）

124 春鹃

学名：*Rhododendron × pulchrum*
科属：杜鹃花科杜鹃花属
别名：锦绣杜鹃

形态：常绿灌木，高约2m。分枝多，枝细而直。叶互生，长椭圆状卵形，先端尖，表面深绿色，疏生硬毛，背面淡绿色，全缘。总状花序，花单生或顶生，漏斗状，花色紫红色。蒴果长圆状卵圆形。花期4～5月；果期10月。

分布：我国长江流域广泛栽培。温州地区常见片植。

习性：喜温暖湿润的半阴环境，忌烈日强光。生长适温为12～25℃。稍耐旱，忌积水。栽培要求肥沃疏松、排水良好的酸性土壤。

应用：本种可以盆栽，也可以在半阴条件下地栽。适宜群植于湿润而有荫庇的林下、岩际，园林中宜配植于树丛、林下、溪边、池畔及草坪边缘；在建筑物背阴面可作花篱、花丛配植。

杜鹃花科（Ericaceae）

125 夏鹃

学名：*Rhododendron indicum*
科属：杜鹃花科杜鹃花属
别名：皋月杜鹃、紫鹃

形态：常绿灌木。高2～5m。分枝多而纤细，密被棕褐色糙毛。叶近革质，常集生枝端，卵形至倒披针形，长2～5cm，宽1～2cm，先端短渐尖，基部楔形或宽楔形，边缘微反卷，具细齿。花数朵簇生枝顶，单瓣、重瓣均有，红、紫、粉、白或复色等。花期5～8月。

分布：原产于印度和日本。现我国各地有广泛栽培应用。温州地区常见作绿篱栽培。

习性：喜冷凉，耐半阴。在排水良好、湿润、富含腐殖质的酸性土壤中生长良好。

应用：本种花繁叶茂，绮丽多姿，萌发力强，耐修剪。宜在草坪、林缘、溪边、池畔及岩石旁成丛、成片栽植。

紫金牛科（Myrsinaceae）
126 硃砂根

学名： *Ardisia crenata*
科属： 紫金牛科紫金牛属
别名： 红铜盘、大罗伞

形态： 常绿灌木。高30～150cm。匍匐根状茎肥状。单叶，纸质，互生，有柄，椭圆状披针形至倒披针形，长6～13cm，叶缘有波状圆齿，齿间有黑色腺点。花序伞形或聚伞状；花紫白色，有深色腺点。核果球形，熟时红色，具斑点。花期5～6月；果期7～10月。

分布： 产我国西藏东南部至台湾，湖北至海南岛等地区。常见于山地的常绿阔叶林中或溪边荫润的灌木丛中。

习性： 性喜温暖潮湿气候，忌干燥，较耐阴，喜生于肥沃、疏松、富含腐殖质的沙质壤土上。

应用： 果实鲜红，用作室内盆栽观赏，亦可在公园林下作地被应用。全株均可入药，有清热降火、祛痰止咳、活血去瘀、消肿解毒的功效。

报春花科（Primulaceae）
127 泽珍珠菜

学名：*Lysimachia candida*
科属：报春花科珍珠菜属
别名：泽星宿菜

形态：一年生或二年生草本。茎单生或数条簇生，直立，单一或有分枝。基生叶匙形或倒披针形；茎叶互生，很少对生，叶片倒卵形、倒披针形或线形。总状花序顶生，初时因花密集而呈阔圆锥形，其后渐伸长；花冠白色。蒴果球形。花期5～6月；果期6～7月。

分布：产于我国陕西（南部）、河南、山东以及长江以南各地区。生于田边、溪边和山坡路旁潮湿处。三垟湿地常见野生。

习性：喜温暖湿润气候，喜光，不耐阴，不耐旱，喜生于草丛湿地。对土壤要求不严。

应用：本种花序醒目，宜成片栽植于林缘、溪边草丛中。全草可入药，为民间草药，具清热解毒、活血止痛、利湿消肿的功效。

柿树科（Ebenaceae）
128 柿

学名：*Diospyros kaki*
科属：柿树科柿树属
别名：朱果、猴枣

形态：落叶乔木。高达15m。树冠呈自然半圆形。树皮暗灰色，呈长方形小块状裂纹。叶阔椭圆形或倒卵形，长6~18cm，近革质。雌雄异株或同株，花冠钟状，黄白色，4裂；雄花3朵排成小聚伞花序；雌花单生叶腋。浆果卵圆形或扁球形，橙黄色或鲜黄色。花期5~6月；果期9~10月。

分布：原产于我国长江流域，主要栽培区为黄河至长江流域。

习性：喜光树种，稍耐阴，喜温暖湿润气候，也耐干旱，深根性，根系强大，吸水、肥的能力强，故不择土壤，在山地、平原、微酸、微碱性的土壤上均能生长；也能耐潮湿土地。

应用：本种树形优美，叶大浓绿，秋叶变红，红果累累，经冬不凋，是极好的园林结合生产树种，既适用于城市园林又适宜山区自然风景点中的配植应用。材质坚韧，不翘不裂，耐腐，可制家具、农具及细木工用。果实的营养价值较高，有"木本粮食"之称。

3 被子植物门

木樨科（Oleaceae）

129 女贞

学名：*Ligustrum lucidum*
科属：木樨科女贞属
别名：冬青、腊树

形态：常绿乔木。高达10m。树皮灰色，平滑；枝开展，无毛，具皮孔。叶革质，宽卵形至披针形，长6～12cm，顶端尖，基部圆形或阔楔形，全缘，无毛。圆锥花序顶生，长10～20cm；花白色几无柄，花冠裂片与花冠筒近等长。核果长圆形，蓝黑色。花期6～7月；果期7月至次年5月。

分布：产于我国长江流域及以南各地区。甘肃南部及华北南部多有栽培。

习性：喜光，稍耐阴；喜温暖，不耐寒；喜湿润，不耐干旱。适生于微酸性至微碱性的湿润土壤，不耐瘠薄。对二氧化硫、氯气、氟化氢等有毒气有较强的抗性。生长快，萌芽力强，耐修剪。

应用：本种枝叶清秀，终年常绿，夏日满树白花，又适应城市气候环境，是长江流域常见的绿化树种。常栽于庭园观赏，广泛栽植于街坊、宅院或作园路树。对多种有毒气体抗性较强，可作为工矿区的抗污染树种。木材可为细木工用材。果、树皮、根、叶均可入药。

木樨科（Oleaceae）

130 小蜡

学名：*Ligustrum sinense*
科属：木樨科女贞属
别名：山指甲、水黄杨

形态：半常绿灌木或小乔木。高2~7m。小枝密生短柔毛。叶薄革质，椭圆形，长3~5cm，先端尖锐或钝。圆锥花序长4~10cm，花轴有短柔毛；花白色，芳香，花梗细而明显，花冠裂片长于筒部；雄蕊超出花冠裂片。核果近圆形。花期4~5月；果期9~10月。

分布：分布于我国长江以南各地区。

习性：喜光，稍耐阴；较耐寒，北京小气候良好地区能露地栽植。对二氧化硫等多种有毒气体有抗性。

应用：常植于庭园观赏，丛植于林缘、池边、石旁都可。各地普遍栽培作绿篱，在规则式园林中常可修剪成长、方、圆等几何形体；也常栽植于工矿区。果实可酿酒；种子榨油供制肥皂；树皮和叶入药，具清热降火等功效。

木樨科（Oleaceae）

131 桂花

学名： *Osmanthus fragrans*
科属： 木樨科木樨属
别名： 木樨、岩桂

形态： 常绿灌木至小乔木。高可达12m。树皮灰色，不裂。芽叠生。叶长椭圆形，长5~12cm，先端渐尖，基部楔形，全缘或上半部有细锯齿。花簇生叶腋或聚伞状；花小，黄白色，浓香。核果椭圆形，紫黑色。花期9~10月；果期次年3月。

分布： 原产于我国西南部，现广泛栽培于长江流域各地区，华北多盆栽。

习性： 喜光，稍耐阴。喜温暖和通风良好的环境，较耐寒。喜湿润、排水良好的沙质壤土，忌涝地、碱地和黏重土壤。对二氧化硫、氯气等有中等抵抗力。

应用： 本种树干端直，树冠圆整，四季常青，花期正值仲秋，香飘数里，是我国传统园林花木。园林中常将桂花植于道路两侧，假山、草坪、院落等地多有栽植；如大面积栽植，形成"桂花山""桂花岭"，秋末浓香四溢，香飘十里，也是极好的景观。花可作香料，又是食品加工业的重要原料，亦可入药。

同属常见栽培的品种有以下4种。

①丹桂（'Aurantiacus'）：花橘红色或橙黄色，香味较差，发芽较迟。

②银桂（'Latifolius'）：花近白色或黄白色，香味较金桂淡，叶较宽大。

③金桂（'Thunbergii'）：花黄色至深黄色，香气最浓，经济价值最高。

④四季桂（'Semperflorens'）：花黄白色，每2~3月开一次花，叶较薄。

马钱科（Loganiaceae）

132 白背枫

学名：*Buddleja asiatica*
科属：马钱科醉鱼草属
别名：驳骨丹、白花醉鱼草

形态：直立灌木。高1~8m。嫩枝条四棱形，老枝条圆柱形。叶对生，叶片膜质至纸质，披针形或长披针形。总状花序窄而长，由多个小聚伞花序组成，花萼钟状或圆筒状。蒴果椭圆状。花期10月至次年2月；果期3~12月。

分布：广布于我国华东、华中、华南、西南及陕西。生长于向阳山坡灌木丛中或疏林缘。三垟湿地常见野生。

习性：喜温暖湿润气候与阳光充足环境，不耐荫庇。较耐寒、耐干旱贫瘠。不择土壤。

应用：本种可作园林观赏花木，可供春节切花之用。也是优良的水土保持植物。根和叶供药用，有祛风化湿、行气活络的功效。花芳香，可供提取芳香油。

马钱科（Loganiaceae）

133 醉鱼草

学名：*Buddleja lindleyana*
科属：马钱科醉鱼草属
别名：醉鱼儿草、鱼花草、毒鱼草

形态：常绿灌木。高1～3m。茎皮褐色。小枝具4棱，棱上略有窄翅。叶对生，萌芽枝条上的叶为互生或近轮生，叶片椭圆形至长圆状披针形，边缘全缘或具有波状齿。花紫色，芳香；花萼钟状。果序穗状；蒴果长圆状或椭圆状。花期4～10月；果期8月至次年4月。

分布：广布于我国长江流域各地区。三垟湿地有野生。

习性：喜暖湿润气候和深厚肥沃的土壤，适应性强，但不耐水湿。抗逆性强，耐严寒酷暑，耐干旱贫瘠。

应用：全株有小毒，捣碎投入河中能使活鱼麻醉，便于捕捉，故有"醉鱼草"之称。花和叶含、醉鱼草甙、柳穿鱼甙、刺槐素等。花、叶及根供药用，有祛风除湿、止咳化痰、散瘀的功效。兽医用枝叶治牛泻血。全株可用作农药，专杀小麦吸浆虫、螟虫及灭孑孓等。花芳香而美丽，可作公园观赏植物。

龙胆科（Gentianaceae）

134 荇菜

学名：*Nymphoides peltata*
科属：龙胆科荇菜属
别名：莕菜、驴蹄菜

形态：多年生水生草本。茎圆柱形，多分枝。上部叶对生，下部叶互生，叶片飘浮，近革质，圆形或卵圆形，下面紫褐色，叶柄圆柱形。花常多数，簇生节上，花梗圆柱形，花冠金黄色，雄蕊着生于冠筒上，整齐。蒴果无柄，椭圆形，宿存花柱，成熟时不开裂。花果期6～10月。

分布：广布于全国各地。生于池塘或不甚流动的河溪中。三垟湿地有引种栽培。

习性：喜温暖湿润气候，喜光，不耐荫庇，耐寒也耐热。喜肥沃的土壤。宜浅水或不流动的静水。适应性强。

应用：本种叶片小巧别致，夏季鲜黄色的花朵挺出水面，绿中带黄，花期长，是庭院点缀水景的佳品。可入药，具清热解毒、利尿消肿的功效。茎、叶柔嫩多汁，无毒、无味，富含丰富的营养，可作野菜食用。

夹竹桃科（Apocynaceae）
135 夹竹桃

学名：*Nerium indicum*
科属：夹竹桃科夹竹桃属
别名：柳叶桃、半年红

形态：常绿大灌木。高达5m，无毛。叶3～4枚轮生，在枝条下部为对生，窄披针形，全缘，革质，长11～15cm，宽2～2.5cm。聚伞花序；花冠深红色，芳香，单瓣成重瓣。蓇葖果矩圆形。花期6～10月；果期12月至次年1月。

分布：原产于伊朗、印度、尼泊尔，现广植于世界热带地区。我国长江以南各地区广为栽植。

习性：喜光；喜温暖湿润气候，不耐寒；耐旱力强；抗烟尘及有毒气体能力强。对土壤适应性强，碱性土上也能正常生长。性强健，管理粗放，萌蘖性强，病虫害少，生命力强。

应用：本种植株姿态潇洒，花色艳丽，花期长，有特殊香气，又适应城市自然条件，是城市绿化的极好树种，常植于公园、庭院、街头、绿地等处；枝叶繁茂、四季常青，也是极好的背景树种；性强健、耐烟尘、抗污染，是工矿区等生长条件较差地区绿化的好树种。植株有毒，可入药，使用时应注意。

同属常见栽培的品种有白花夹竹桃（'Paihua'）：花白色。

夹竹桃科（Apocynaceae）

136 络石

学名： *Trachelospermum jasminoides*
科属： 夹竹桃科络石属
别名： 石龙藤、白花藤、络石藤

形态： 常绿木质藤本。长达10m。具乳汁。叶革质或近革质，椭圆形至卵状椭圆形，长2~10cm，宽1~4.5cm。二歧聚伞花序腋生或顶生，花多朵组成圆锥状；花白色，芳香。蓇葖果双生，叉开，线状披针形，长10~20cm，宽3~10mm。花期4~7月；果期7~12月。

分布： 广布于我国黄河流域等地区。生于山野、路旁、林缘或杂木林中，常缠绕于树上或攀援于墙壁上、岩石上。三垟湿地有野生。

习性： 喜温暖湿润的半阴环境，忌烈日暴晒，耐阴能力强，较耐寒，也耐热。适应性强。对土壤要求不严。

应用： 本种四季常绿，覆盖性好，开花时节花香袭人。可点缀假山、叠石；攀援墙壁、枯树、花架、绿廊；也可作片植林下作耐阴湿地被植物。根、茎、叶、果实供药用，有祛风活络、利关节、止血、止痛消肿、清热解毒的功效。茎皮纤维拉力强，可供制绳索、纸及人造棉。花芳香，可供提取"络石浸膏"。

萝藦科（Asclepiadaceae）

137 萝藦

学名：*Metaplexis japonica*
科属：萝藦科萝藦属
别名：芄兰、白环藤

形态：多年生草质藤本。长达8m。具乳汁。茎圆柱状，下部木质化，上部较柔韧。叶膜质，卵状心形。总状式聚伞花序腋生或腋外生，花白色，具长总花梗；总花梗长6～12cm，被短柔毛。蓇葖果纺锤形，平滑无毛。花期6～9月；果期9～12月。

分布：广布于全国各地。三垟湿地有野生。

习性：喜日光充足环境，稍耐阴；喜温暖，耐低温，稍耐干旱。喜轻微湿润偏干的土壤环境。

应用：本种可用于布置庭院小型花廊、篱栅等处，是良好垂直绿化材料。全株可药用，果可治劳伤、虚弱、腰腿疼痛、缺奶、咳嗽等；根可治跌打、蛇咬、疔疮、阳痿；茎叶可治小儿疳积、疔肿；种毛可止血；乳汁可除瘊子。茎皮纤维坚韧，可造人造棉。

旋花科（Convolvulaceae）
138 旋花

学名：*Calystegia sepium*
科属：旋花科打碗花属
别名：篱天剑

形态：多年生草本。全株无毛。茎缠绕，有棱，多分枝。叶片3裂，呈椭圆状箭形或戟形，中裂片卵状披针形或狭卵状三角形，侧裂片开展，略呈三角形，基部深心形或戟形，先端钝或稍锐尖，全缘。花单生叶腋，花冠大，长约5cm，漏斗形，淡紫红色。蒴果球形。花期5～7月；果期7～8月。

分布：广布于全国各地。三垟湿地有野生。

习性：喜温暖湿润与阳光充足环境，不耐荫庇。适应性强，不择土壤。

应用：可用于篱笆、墙垣等处的垂直绿化，亦可作小型花架攀缘材料。

马鞭草科(Verbenaceae)
139 臭牡丹

学名: *Clerodendrum bungei*
科属: 马鞭草科大青属
别名: 大红袍、臭八宝

形态: 落叶灌木。高可达2m。植株有臭味。花序轴、叶柄密被脱落性的柔毛。小枝近圆形。叶片纸质,宽卵形或卵形,边缘具粗或细锯齿。伞房状聚伞花序顶生,花萼钟状,萼齿三角形或狭三角形,花冠淡红色、红色或紫红色,裂片倒卵形。花果期5～11月。

分布: 广布于全国各地。生于山坡、林缘、沟谷、路旁、灌丛润湿处。温州地区有野生。

习性: 喜温暖湿润的环境,喜光,也耐半阴,耐寒,耐土壤贫瘠。适应性强,生长强健。栽培以深厚肥沃、富含腐殖质的土壤为宜。

应用: 本种花序硕大,花色艳丽,在园林可作地被或花绿篱栽培,还可作为优良的水土保持植物,用于护坡、保持水土。花枝可用来插花。根、茎、叶入药,有祛风解毒、消肿止痛的功效。

马鞭草科（Verbenaceae）

140 海州常山

学名： *Clerodendrum trichotomum*
科属： 马鞭草科大青属
别名： 臭桐、八角梧桐

形态： 落叶灌木或小乔木。高可达10m。老枝灰白色，具皮孔，有淡黄色薄片状横隔。叶片纸质，卵状椭圆形或三角状卵形。伞房状聚伞花序顶生或腋生，通常二歧分枝；花萼蕾时绿白色，后紫红色，裂片三角状披针形或卵形；花香，花冠白色或带粉红色，花丝与花柱同伸出花冠外。核果近球形，成熟时蓝紫色，为宿萼白被。花果期6～11月。

分布： 广布于全国各地。三垟湿地有野生。

习性： 喜阳光，稍耐阴，耐旱，耐土壤贫瘠。适应性好，在温暖湿润、肥水条件好的沙壤上生长旺盛。

应用： 本种花序硕大，花果美丽，且花果期长，植株繁茂，为良好的观花、观果植物。可植于草坪、林缘处。

唇形科（Lamiaceae）

141 小野芝麻

学名：*Galeobdolon chinense*
科属：唇形科小野芝麻属
别名：假野芝麻

形态：一年生草本。高10~60cm。根有时具块根。茎四棱形。叶卵圆形、卵圆状长圆形至阔披针形，边缘为具圆齿状锯齿。花冠粉红色，长约2.1cm，冠檐二唇形。花期3~5月；果期6~11月。

分布：产于我国华东、华中、华南及西南地区。三垟湿地常见野生。

习性：喜温暖湿润及阳光充足环境，也耐半阴；稍耐寒，不耐干旱。自播能力强。

应用：早春常成片开放，由于自播能力强，可作林下疏林地被。全草入药，具化瘀止血的功效。

唇形科（Lamiaceae）

142 活血丹

学名：*Glechoma longituba*
科属：唇形科活血丹属
别名：金钱草、连金钱、遍地金钱

形态：多年生常绿草本。高10～20cm。具匍匐茎，上升，逐节生根。茎四棱形。叶草质，下部者较小，叶片心形或近肾形，边缘具圆齿或粗锯齿状圆齿。轮伞花序通常2花，稀具4～6花；苞片及小苞片线形；花萼管状；花冠淡蓝色、蓝色至紫色，下唇具深色斑点。小坚果长圆状卵形。花期4～5月；果期5～6月。

分布：除青海、甘肃、新疆及西藏外，全国各地均产。生于林缘、疏林下、草地中、溪边等阴湿处。三垟湿地有野生。

习性：喜温暖湿润的半阴环境，较耐寒，不耐旱。对土壤要求不严，但以湿润肥沃的土壤生长较好。

应用：本种茎叶蔓生，耐阴能力强，适合片植于林下作地被。民间广泛用全草或茎叶入药，对膀胱结石或尿路结石有效，外敷治跌打损伤、骨折、外伤出血；内服亦治伤风咳嗽、流感、吐血、咳血、小儿支气管炎等症；叶汁治小儿惊痫、慢性肺炎。

唇形科（Lamiaceae）

143 野芝麻

学名： *Lamium barbatum*
科属： 唇形科野芝麻属
别名： 地蚤、野藿香、硬毛野芝麻

形态： 多年生草本。高达1m。根茎有长地下匍匐枝。茎直立，四棱形，具浅槽，中空，几无毛。茎下部的叶卵圆形或心脏形，叶柄长达7cm，茎上部的渐变短。轮伞花序4~14花，着生于茎端；花冠白色或浅黄色，长约2cm。花期4~6月；果期7~8月

分布： 产于全国各地（除新疆、内蒙古等地区）。生于路边、溪旁、田埂及荒坡上。三垟湿地有野生。

习性： 喜温暖湿润及阳光充足环境，也耐半阴；耐寒能力强，不耐热；喜湿润，不耐干旱。对土壤要求不严。

应用： 本种较耐阴，且自播能力强，适合郊野公园、山坡林下作观花地被，极富野趣。全株入药，性味甘、辛、平，具有凉血止血、活血止痛、利湿消肿的功效。叶和花可作野菜食用，其蛋白质、氨基酸和不饱和脂肪酸的含量高，是宝贵的蔬菜资源，具有较高的开发利用价值。

唇形科（Lamiaceae）

144 益母草

学名：*Leonurus japonicus*
科属：唇形科益母草属
别名：益母蒿、坤草、茺蔚

形态：一年生或二年生草本。高60～100cm。茎直立，单一或有分枝，四棱形。叶对生；叶形多种，一年生基生叶具长柄，叶片略呈圆形，5～9浅裂，基部心形；茎中部叶有短柄，3全裂，裂片近披针形，中央裂片常再3裂，两侧裂片再1～2裂；最上部叶全缘，线形，近无柄。轮伞花序腋生，具花8～15朵；花冠唇形，淡红色或紫红色。花期6～9月；果期7～10月。

分布：广泛分布于全国各地。生于山野、河滩草丛中及溪边湿润处。

习性：喜温暖湿润环境，喜光，不耐阴；耐寒，耐干旱。喜疏松肥沃、排水顺畅的酸性土壤。

应用：著名妇科中药，全草入药，具有活血调经、利尿消肿、清热解毒的功效；用于治疗月经不调、痛经经闭、恶露不尽、水肿尿少、疮疡肿毒。

唇形科（Lamiaceae）
145 紫苏

学名：*Perilla frutescens*
科属：唇形科紫苏属
别名：白苏、赤苏、香苏

形态：一年生直立草本。高0.3～1m。茎绿色或紫色，钝四棱形，具4槽。叶阔卵形或圆形，先端短尖或突尖，基部圆形或阔楔形，边缘在基部以上有粗锯齿，两面绿色或紫色，或仅下面紫色。轮伞花序2花，组成长1.5～15cm偏向一侧的顶生及腋生总状花序；花冠白色至紫红色。花期8～11月；果期8～12月。

分布：在我国栽培极广。三垟湿地有栽培。

习性：喜温暖湿润与阳光充足环境，稍耐阴；耐寒，喜湿润，稍耐干旱。对土壤要求不严。

应用：本种全草供药用和香料用，入药部分以茎叶及籽实为主；叶为发汗、镇咳、芳香性健胃利尿剂，有镇痛、镇静、解毒作用，治感冒，对因鱼蟹中毒之腹痛呕吐者有卓效；梗有平气安胎的功效；叶可供食用，和肉类、鱼类一起烹饪可增加后者的香味。种子能镇咳、祛痰、平喘。种子榨出的油，名"苏子油"，供食用，又有防腐作用，供工业用。

唇形科（Lamiaceae）
146 水苏

学名：*Stachys japonica*
科属：唇形科水苏属
别名：香苏、龙脑薄荷、野紫苏

形态：多年生草本。高15～60cm，全株近无毛。根状茎横走，茎直立，单一。叶对生，卵状披针形，缘有圆锯齿。轮伞花序6～8花，于茎顶组成穗状花序，花冠红色，上唇直立，下唇开展。小坚果卵球状。花期5～7月。

分布：产于我国华东、华北等地区，俄罗斯、日本也有分布。三垟湿地有野生。

习性：喜温暖湿润、阳光充足环境。喜光，不耐荫庇。耐水，稍耐干旱。遇土质黏重及排水不良的土壤，易死亡。

应用：本种花色鲜艳，株形整齐，生长迅速，是优良的湿生观花地被植物。全草入药，具清热解毒、止咳利咽、止血消肿的功效。

茄科（Solanaceae）

147 白英

学名：*Solanum lyratum*
科属：茄科茄属
别名：白毛藤

形态：多年生草质藤本。长0.5～1m。茎及小枝均密被具节长柔毛。叶互生，多数为琴形，基部常3～5深裂，裂片全缘，侧裂片愈近基部的愈小，中裂片较大，通常卵形。聚伞花序顶生或腋外生，疏花；花冠蓝紫色或白色。浆果球状，成熟时红黑色，直径约8mm。花期夏秋，果期秋末。

分布：产于我国南北各地区。喜生于山谷草地或路旁、田边等处。三垟湿地有野生。

习性：喜温暖湿润的环境，耐旱，耐寒，怕水涝。对土壤要求不严，但以土层深厚、疏松肥沃、富含有机质的沙壤土为好。重黏土、盐碱地、低洼地不宜种植。

应用：本种秋冬季果实红艳，殊为美观，可作小型藤本美化廊架、篱笆等。嫩叶可食用。全草入药，具有清热利湿、解毒消肿的功效，用于治疗黄疸、水肿、淋病、胆囊炎、胆结石、风湿性关节炎等症；应用历史久远，最早见于《神农本草经》记载，被列为上品，为传统中药。

玄参科（Scrophulariaceae）

148 白花泡桐

学名：*Paulownia fortunei*
科属：玄参科泡桐属
别名：大果泡桐

形态：落叶乔木。高达30m。树皮灰色、灰褐色或灰黑色。单叶，对生，叶大，卵状心脏形，全缘或有浅裂，具长柄。花大，白色，顶生圆锥花序，由多数聚伞花序复合而成。蒴果卵形或椭圆形。花期4～5月；果期7～9月。

分布：分布于我国华东、华中、华北、西南等地区，生于海拔山坡灌丛、疏林及荒地。

习性：性强健，喜阳，耐干旱，生长迅速，萌蘖力强。对土壤适应性广。

应用：本种树冠宽大，花大而美丽，生长迅速，可作行道树、庭荫树栽培观赏。木材可供造纸。

紫葳科（Bignoniaceae）
149 凌霄

学名：*Campsis grandiflora*
科属：紫葳科凌霄属
别名：紫葳、茇华

形态：落叶攀援藤本。茎木质，表皮脱落，枯褐色，以气生根攀附于它物之上。叶对生，为奇数羽状复叶；小叶7～9枚，卵形至卵状披针形，边缘有粗锯齿。顶生疏散的短圆锥花序，花序轴长15～20cm；花萼钟状，分裂至中部，裂片披针形；花冠内面鲜红色，外面橙黄色，长约5cm。蒴果顶端钝。花期5～8月。

分布：产于我国长江流域各地。温州地区常见栽培。

习性：喜阳光充足与温暖湿润环境，不耐荫庇，光照不足不能开花。耐寒，耐干旱贫瘠。适应性强，生长旺盛。

应用：本种老干扭曲盘旋、苍劲古朴，其花色鲜艳，芳香味浓，且花期较长，是著名的垂直绿化藤本，可配植于墙垣、假山等处。花入药，具活血通经、凉血祛风的功效。

同属常见栽培的有厚萼凌霄（*Campsis radicans*）：又名美国凌霄。与凌霄的区别在于其小叶9~11枚；花萼5裂至1/3处，裂片短，卵状三角形。

爵床科（Acanthaceae）

150 蓝花草

学名：*Ruellia brittoniana*
科属：爵床科芦莉草属
别名：翠芦莉

形态：多年生常绿草本。茎直立，高可达1m。单叶对生，线状披针形；叶暗绿色，新叶及叶柄常呈紫红色；叶全缘或疏锯齿，叶长8～15cm。花腋生，花径3～5cm。花冠漏斗状，5裂，具放射状条纹，花冠多蓝紫色，少数粉色或白色。花期3～12月，开花不断。

分布：原产于墨西哥。我国常见栽培。温州地区有引种栽培。

习性：喜高温，耐酷暑。喜光，也耐半阴。抗逆性强，适应性广，耐旱和耐湿力均较强。不择土壤，耐贫瘠力强，耐轻度盐碱土壤。

应用：本种花冠蓝紫色，花姿幽美，花期极长，可片植于林缘、草坪等处。亦可配植于花境。

茜草科（Rubiaceae）

151 栀子

学名：*Gardenia jasminoides*
科属：茜草科栀子属
别名：黄栀子、山栀

形态：常绿灌木。高1～3m。小枝绿色。叶长椭圆形，长6～12cm，革质而有光泽。花单生枝端或叶腋；花萼5～7裂，裂片先形；花冠高脚碟状，端常6列，白色，浓香；花丝短，花药线形。果卵形，具6纵棱，顶端有宿存萼片。花期6～8月。

分布：产于我国长江流域，我国中部及中南部都有分布。

习性：喜光也能耐阴；喜温暖湿润气候，耐热也稍耐寒。喜肥沃、排水良好、酸性的轻黏壤土，也耐干旱瘠薄。抗二氧化硫能力较强。萌蘖力、萌芽力均强，耐修剪更新。

应用：本种叶色亮绿，四季常青，花大而洁白，芳香馥郁，有一定耐和抗有毒气体的能力，故为良好的绿化、美化、香化的材料，可成片丛植或配置于林缘、庭前、院隅、路旁，植作花篱也极适宜，作阳台绿化、盆花、切花或盆景都十分相宜，也可用于街道和厂矿绿化。花含挥发油，可供提制浸膏，作调香剂。根、花、种子可入药。果实可作黄色染料材料。

同属常见栽培应用的有以下3种。

①水栀子（var. *radicans*）：又名雀舌栀子。植株矮小，枝常匍地。叶较小，倒披针形，长4～8cm。花小，重瓣。宜作地被材料；花可熏茶，称雀舌茶。

②大花栀子（f. *grandiflora*）：花较大，直径达到7～10cm，单瓣。叶也较大。

③重瓣栀子（'Fortuneana'）：又名玉荷花，花较大而重瓣，直径达到7～8cm。庭院栽培极其普遍。

忍冬科（Caprifoliaceae）
152 忍冬

学名：*Lonicera japonica*
科属：忍冬科忍冬属
别名：金银花

形态：半常绿藤本。幼枝橘红褐色，密被黄褐色、开展的硬直糙毛、腺毛和短柔毛。叶纸质，卵形至矩圆状卵形。总花梗通常单生于小枝上部叶腋；花冠白色，有时基部向阳面呈微红，后变黄色，长3～5cm，唇形，雄蕊和花柱均高出花冠。果实圆形，熟时蓝黑色，有光泽。花期4～6月；果期10～11月。

分布：广布于全国各地。温州地区常见栽培。

习性：喜温暖湿润气候。喜光，也耐半阴。适应性强，对土壤和气候的选择并不严格。栽培以土层较厚、排水顺畅的沙质壤土为最佳。

应用：本种常用于大型花架、廊架。花蕾入药，性甘寒，具有清热解毒、消炎退肿的功效。

败酱科（Valerianaceae）

153 白花败酱

学名： *Patrinia villosa*
科属： 败酱科败酱属
别名： 攀倒甑

形态： 多年生草本。高50～100cm。地下根状茎长而横走，偶在地表匍匐生长；茎密被白色倒生粗毛或仅沿二叶柄相连的侧面具纵列倒生短粗伏毛，有时几无毛。基生叶丛生，叶片卵形或卵状披针形至长圆状披针形。由聚伞花序组成顶生圆锥花序或伞房花序。花期8～10月；果期9～11月。

分布： 产于我国华东、华中、华南、西南等地区。生长于山地林下、林缘或灌丛中、草丛中。三垟湿地有野生。

习性： 喜温暖湿润及阳光充足环境，也耐半阴；耐寒；喜水湿，不耐干旱。对土壤要求不严。

应用： 本种根茎及根有陈腐臭味，全草与根状茎及根作药用，为消炎利尿药，温州地区民间称为"苦菜"，常以嫩苗作蔬菜食用，适当搭配荤腥，有助于提升野菜风味。

葫芦科（Cucurbitaceae）

154 马㼎儿

学名：*Zehneria japonica*
科属：葫芦科马㼎儿属
别名：老鼠拉冬瓜

形态：攀援或平卧草本。叶片膜质，三角状卵形、卵状心形或戟形，不分裂或3～5浅裂。雌雄同株；雄花单生或稀2～3朵生于短的总状花序上；雌花在与雄花同一叶腋内单生或稀双生。果实长圆形或狭卵形，成熟后橘红色或红色。花期4～7月；果期7～11月。

分布：产于我国华东、华中、华南、西南等地区。常生于林中阴湿处以及路旁、田边及灌丛中。三垟湿地有野生。

习性：喜温暖湿润及阳光充足环境，稍耐阴；耐干旱。对土壤要求不严，但以深厚肥沃、富含腐殖质的酸性土壤为宜。

应用：常见杂草，秋季果熟时悬于枝间，极为可爱，可用于小型棚架、栅栏等处绿化。全草可药用。

桔梗科（Campanulaceae）

155 半边莲

学名：*Lobelia chinensis*
科属：桔梗科半边莲属
别名：瓜仁草、急解索、细米草

形态：多年生草本。茎细弱，匍匐，节上生根，分枝直立，高6～15cm。叶互生，无柄或近无柄，椭圆状披针形至条形。花通常1朵，生分枝的上部叶腋；花冠粉红色或白色，长10～15mm。蒴果倒锥状。花果期5～10月。

分布：分布于我国长江中下游及以南各地区。三垟湿地草地常见野生。

习性：喜阳光充足的潮湿环境，稍耐干旱，耐寒，可在田间自然越冬。土壤以沙质土壤为好。

应用：全草可药用，含多种生物碱，有清热解毒、利尿消肿的功效。

菊科（Asteraceae）

156 白苞蒿

学名：*Artemisia lactiflora*
科属：菊科蒿属
别名：白花蒿、广东刘寄奴

形态：多年生草本。主根明显，侧根细而长。根状茎短。叶薄纸质或纸质，基生叶与茎下部叶宽卵形或长卵形，花期叶多凋谢；中部叶卵圆形或长卵形，边缘常有细裂齿或锯齿或近全缘。头状花序长圆形。瘦果倒卵形或倒卵状长圆形。花果期8～11月。

分布：产于我国秦岭山脉以南各个省区。多生于林下、林缘、灌丛边缘、山谷等湿润或略为干燥地区。三垟湿地有野生。

习性：喜温暖湿润气候，有较强的耐高温能力；较耐低温，-8℃至-5℃可露地越冬。短日照植物，耐半阴；耐旱抗涝。对土壤适应性较强。

应用：本种全草入药，有清热、解毒、止咳、消炎、活血、散瘀、通经等作用。茎叶可作野菜食用，可炒制或做汤菜，有特殊的风味。

菊科（Asteraceae）
157 大吴风草

学名：*Farfugium japonicum*
科属：菊科大吴风草属
别名：八角乌、活血莲、大马蹄香

形态：多年生常绿草本。根茎粗壮。基生叶莲座状，肾形，长9~13cm，宽11~22cm，先端圆，全缘或有小齿或掌状浅裂。花葶高达70cm；头状花序辐射状，2~7个，排成伞房状花序；舌状花黄色；管状花多数。瘦果圆柱形。花果期8月至次年3月。

分布：广布于我国长江流域各地区。生长于低海拔地区的林下，山谷及草丛。温州地区广泛栽培。

习性：喜温暖湿润的半阴环境，忌干旱和夏季阳光直射。对土壤适应性较强，耐盐碱，栽培以肥沃疏松、排水良好的壤土为宜。

应用：本种叶形奇特，花期黄花成片，姿态优美、观赏周期长，是优良的园林地被植物。可丛植、片植于公园绿地、居住区、道路绿地等。

菊科（Asteraceae）
158 蜂斗菜

学名：*Petasites japonicus*
科属：菊科蜂斗菜属
别名：野南瓜、蜂斗叶

形态：多年生草本。基生叶质薄，圆形或肾状圆形，叶缘有细齿，基部深心形。头状花序少数，密集成密伞房状；总苞筒状；全部小花管状，两性，不结实，花冠白色；头状花序具异形小花，雌花多数，花冠丝状。瘦果圆柱形；冠毛白色，细糙毛状。花期4～5月；果期6月。

分布：产于我国华东、华中、华南、西南及陕西。三垟湿地有野生。

习性：喜温暖湿润的半阴环境，不耐烈日暴晒。喜疏松肥沃的沙质土壤。

应用：根、茎及全草入药，具有清热解毒、散瘀消肿的功效。茎叶可作野菜食用、可炒食或做汤菜。

3.2 单子叶植物纲

Monocotyledoneae

香蒲科（Typhaceae）

159 香蒲

学名： *Typha orientalis*
科属： 香蒲科香蒲属
别名： 东方香蒲

形态： 多年生水生或沼生草本。根状茎乳白色；地上茎粗壮，向上渐细，高1.3～2m。叶片条形，长60～100cm，宽4～9mm，横切面呈半圆形。雌雄花序紧密连接；雄花序长3～10cm；雌花序长5～15cm，基部具1枚叶状苞片，花后脱落。小坚果椭圆形。花果期5～10月。

分布： 分布于我国各地。生于湖泊、池塘、沟渠、沼泽及河流缓流带。三垟湿地有野生。

习性： 喜温暖湿润的湿生环境。喜光，不耐荫庇。耐寒能力强。不耐旱，喜水湿。宜选择土壤淤泥层深厚、有机质含量达1.5%以上的沼泽或河湖沿边滩地种植。

应用： 香蒲经济价值较高，是重要的水生经济植物之一。花粉即"蒲黄"可入药。叶片可用于编织、造纸等。幼叶基部和根状茎先端可作蔬菜食用；雌花序可作枕芯和坐垫的填充物。另外，该种叶片挺拔，花序粗壮，常用作花卉观赏。

同属常见栽培应用的有水烛（*Typha angustifolia*）：多年生水生或沼生草本。根状茎乳黄色、灰黄色，先端白色。地上茎直立，粗壮。叶片长54～120cm，宽4～9mm。雌雄花序相距2.5～7cm；雄花序轴具褐色扁柔毛，单出，或分叉，叶状苞片1～3枚，花后脱落；雌花序长15～30cm，基部具1枚叶状苞片，通常比叶片宽，花后脱落。花果期6～11月。

眼子菜科（Potamogetonaceae）

160 菹草

学名：*Potamogeton crispus*
科属：眼子菜科眼子菜属
别名：虾藻、虾草、麦黄草

形态：多年生沉水草本。具近圆柱形的根状茎；茎稍扁，多分枝，近基部常匍匐地面，于节处生出疏或稍密的须根。叶片条形，无柄休眠芽腋生，略似松果，革质叶左右二列密生，基部扩张，肥厚，坚硬，边缘具有细锯齿。穗状花序顶生，花序梗棒状，较茎细；花小，被片淡绿色。果实卵形。花果期4～7月。

分布：世界广布种。我国南北各地区均有分布。广泛生长在湖沼、池塘、河沟和稻田。三垟湿地有野生。

习性：喜光，喜酸性或中性的静水。耐寒能力强，生长旺盛。

应用：本种常作为鱼、鸭的饲料，亦可作为绿肥。也是湖泊、池沼、小水景中的良好绿化材料，具有较强的净化水质的功能。

泽泻科（Alismataceae）
161 野慈姑

学名：*Sagittaria trifolia*
科属：泽泻科慈姑属
别名：三脚剪、水芋

形态：多年生水生或沼生草本植物。根状茎横走。挺水叶箭形，叶片长短、宽窄变异很大，顶裂片与侧裂片之间缢缩。花葶直立，高可达70厘米；花序总状或圆锥状，具花多轮；苞片基部多少合生，先端尖；花单性；花被片白色，花药黄色。花果期5～10月。

分布：分布于我国东北、华北、西北、华东、华南、西南等地区。生于湖泊、池塘、沼泽、沟渠、水田等水域。三垟湿地有栽培。

习性：喜光，喜水肥充足的沟渠及浅水。喜温暖湿润环境，生长的适宜温度为20～25℃。栽培宜肥沃的黏性壤土。

应用：常配植于河道、驳岸浅水处。根系发达，具有较强的净化水质的功能。球茎可作蔬菜食用。

禾本科（Poaceae）
162 芦竹

学名： *Arundo donax*
科属： 禾本科芦竹属
别名： 荻芦竹、江苇、旱地芦苇

形态： 多年生草本。具发达根状茎；秆粗大而直立，高3～6m，直径1.5～3cm，坚韧，具多数节，常生分枝。叶鞘长于节间；叶片扁平，基部白色，抱茎。圆锥花序极大型，长30～80cm，宽3～6cm，分枝稠密，斜升。颖果细小黑色。花果期9～12月。

分布： 产于我国长江流域以南各地区。三垟湿地大量引种栽培。

习性： 喜阳光充足，不耐荫庇。喜温暖湿润气候，喜水湿，耐寒性不很强。喜深厚肥沃的沙质土壤。

应用： 常片植于湿地驳岸、河道岸边，具有较强的净化水质的效果。秆可用来制管乐器中的簧片。茎纤维长，长宽比值大，纤维素含量高，是制优质纸浆和人造丝的原料。幼嫩枝叶的粗蛋白质达12%，是牲畜的良好青饲料。根状茎入药，具有清热泻火、生津除烦、利尿的功效。

同属常见栽培应用的有花叶芦竹（*Arundo donax* 'Versicolor'）：叶具白色纵长条纹。

禾本科（Poaceae）
163 粉单竹

学名： *Bambusa chungii*
科属： 禾本科箣竹属
别名： 单竹

形态： 丛生竹类。秆高3～7m，径约5cm,. 顶端下垂甚长，秆表面幼时密被白粉。节间长30～60cm；每节分枝多数且近相等。每小枝有叶4～8枚，叶片线状披针形，长20cm，宽2cm，质地较薄。

分布： 产我国湖南（南部）、浙江（南部）、福建、广东、广西等省区。温州地区广泛引种栽培。在300m以下的缓坡地、平地、山脚和河溪两岸生长为佳。

习性： 喜光，喜温暖气候。不甚耐寒。忌土壤积水黏重，在酸性或石灰质土壤上均能生长。

应用： 竹丛疏密适中，秆粉白、秀雅，宜作庭园绿化之用。竹材韧性强，节间长，节平，适合劈篾编织精巧竹器、绞制竹绳等，是两广主要篾用竹种，亦是造纸的上等原料。

禾本科（Poaceae）

164 凤尾竹

学名：*Bambusa multiplex* f. *fernleaf*
科属：禾本科簕竹属
别名：筋头竹、蓬莱竹

形态：丛生型小竹。枝秆稠密，纤细而下弯。叶细小，长约3cm，常20片排生于枝的两侧，似羽状。

分布：原产于我国南部。温州地区有引种栽培。

习性：喜温暖湿润和半阴环境，耐寒性稍差，不耐强光暴晒。怕渍水，宜肥沃、疏松和排水良好的壤土。冬季温度不宜低于0℃。

应用：本种株丛密集，竹秆矮小，枝叶秀丽，常用于盆栽观赏，点缀小庭院和院落，也常用于制作盆景或作为低矮绿篱材料。

禾本科（Poaceae）

165 蒲苇

学名：*Cortaderia selloana*
科属：禾本科蒲苇属
别名：白银芦

形态：多年生草本。秆高大粗壮，丛生，高2～3m。叶片质硬，狭窄，簇生于秆基，长达1～3m，边缘具锯齿状粗糙。雌雄异株。圆锥花序大型稠密，长50～100cm，银白色至粉红色；雌花序较宽大，雄花序较狭窄。花期9～11月。

分布：原产于巴西、智利、阿根廷。我国长江流域有引种。三垟湿地大量引种栽培，并形成特色景观。

习性：喜阳光充足环境，稍耐阴。对土壤的要求不高，耐土壤贫瘠，但在肥沃疏松的土壤条件下生长更好。

应用：本种高大优美，四季常绿，圆锥花序呈纺锤状，花期长，观赏性强。常片植于河岸水边或丛植于驳岸浅水处。

禾本科（Poaceae）

166 芒

学名： *Miscanthus sinensis*
科属： 禾本科芒属
别名： 笆茅、芒根、芒花

形态： 多年生苇状草本。秆高1~2m。圆锥花序直立，长15~20cm，主轴无毛，延伸至花序的中部以下，节与分枝腋间具柔毛；分枝较粗硬，直立，不再分枝或基部分枝具第二次分枝，长10~30cm。花果期7~12月。

分布： 广布于我国长江流域以南各地区。在丘陵和荒坡原野，常组成优势群落。三垟湿地有野生。

习性： 喜温暖湿润环境，喜光，不耐荫庇。较耐旱，耐土壤贫瘠。不择土壤，适应能力强。

应用： 本种秋季芒花雪白，蔚为壮观，形成湿地特色景观。芒的秆纤维用途较广，可作造纸原料。且有较大的生态价值，可为鸟类提供栖息场所。

同属常见的近似种有五节芒（*Miscanthus floridulus*）：多年生草本，具发达根状茎。秆高大似竹，高2～4m。叶片披针状线形，长25～60cm。圆锥花序大型，稠密，长30～60cm。花果期5～10月。

三㙟湿地植物图鉴

禾本科（Poaceae）

167 芦苇

学名： *Phragmites australis*
科属： 禾本科芦苇属
别名： 芦、芦笋、蒹葭

形态： 多年水生或湿生的高大禾草。根状茎十分发达。秆直立，高1～2m，具20多节。叶片披针状线形，无毛，顶端长渐尖成丝形。圆锥花序大型，分枝多数；小穗无毛；内稃两脊粗糙。花期7～11月。

分布： 广布于全国各地。生于江河湖泽、池塘沟渠沿岸和低湿地。三㙟湿地有野生。

习性： 喜温暖湿润气候，喜光，不耐荫庇。耐寒、抗旱、耐盐碱、抗高温。对土壤要求不严。生长强健。

应用： 常在水边岸际形成优势自然群落，芦花开放时，蔚为壮观。芦苇的根茎四布，有固堤之效。能吸收水中的氮、磷，可抑制蓝藻的生长。大面积的芦苇群落不仅可调节气候、涵养水源，所形成的良好湿地生态环境也为鸟类提供栖息、觅食、繁殖的家园。

禾本科（Poaceae）

168 菰

学名： *Zizania latifolia*
科属： 禾本科菰属
别名： 野茭白

形态： 多年生常绿草本。具匍匐根状茎。须根粗壮。秆高大直立，高1～2m，径约1cm，具多数节，基部节上生不定根。叶片扁平宽大，长50～90cm，宽1.5～3cm。圆锥花序，长30～50cm，分枝多数簇生，上升。花期5～7月份；果期7～9月。

分布： 广布于全国各地。在三垟湿地作水生蔬菜栽培。

习性： 喜温暖湿润气候，生长适温10～25℃，不耐寒冷和干旱。对水肥条件要求高，适宜土层深厚松软、土壤肥沃、富含有机质、保水保肥能力强的黏壤土。

应用： 本种是固堤造陆的先锋植物，其水生群落为鱼类的越冬场所。秆基嫩茎被真菌寄生后，粗大肥嫩，类似竹笋，称茭白，是美味的蔬菜。本种的颖果称"菰米"，作饭食用，有营养保健价值。全草为优良的饲料。

莎草科（Cyperaceae）

169 风车草

学名：*Cyperus involucratus*
科属：莎草科莎草属
别名：水竹、伞草

形态：多年生常绿草本。地下茎块状而短粗。茎秆自地下茎上丛生而出，茎截面略呈三角形，中空，长50～100cm。叶片退化成鞘状，包裹在茎秆基部。花序着生在茎顶，总苞片10～20片，似轮状排列；苞片狭剑形至线形，先端渐尖并下弯。

分布：原产于非洲，广泛分布于森林、草原地区的大湖、河流边缘的沼泽中。我国南北各地区均见栽培。三垟湿地水网常见栽培。

习性：喜温暖湿润的环境，耐半阴。生长力很强，在温暖季节里，从基部不断萌发新芽，富有旺盛的萌发力。

应用：本种常依水而生，植株茂密，茎秆秀雅挺拔，苞叶伞状，奇特优美。种植于溪流岸边，与假山、礁石搭配，四季常绿，风姿绰约，尽显安然娴静的自然美，是园林水体造景常用的观叶植物。

莎草科（Cyperaceae）
170 水葱

学名：*Schoenoplectus tabernaemontani*
科属：莎草科水葱属
别名：葱蒲、莞草、蒲苹

形态：多年生常绿草本。匍匐根状茎粗壮，具许多须根。秆高大，圆柱状，最上面一个叶鞘具叶片。叶片线形。长侧枝聚伞花序简单或复出，假侧生。花果期6～9月。

分布：产于我国南北各地区。生长在湖边、水边、浅水塘、沼泽地或湿地草丛中。三垟湿地常见栽培。

习性：喜阳光充足的湿润环境，极耐寒。对土壤要求不严。

应用：本种根系发达，常片植于湿地、河道水网。对净化水质，尤其对污水中有机物、氨氮、磷酸盐及重金属有较高的除去率。

棕榈科（Arecaceae）

171 棕榈

学名：*Trachycarpus fortunei*
科属：棕榈科棕榈属
别名：棕树、山棕、唐棕

形态：常绿乔木。茎单生，高达15m。树干有残存不脱落的老叶柄基部，并被暗棕色的叶鞘纤维包裹。叶形如扇，聚生顶端，掌状深裂，裂片30～50片，裂片坚硬，顶端浅2裂。雌雄异株，圆锥花序下垂，花小，淡黄色。核果肾形，初为青色，熟时呈黑褐色。花期5～10月；果期10～12月。

分布：原产于我国，日本、印度、缅甸也有分布。现世界各地广泛栽培。

习性：喜温暖湿润环境，耐寒性极强，可耐-14℃低温，为最耐寒的棕榈种类之一。喜肥沃、湿润、排水良好的中性或微碱性土壤。浅根性，无主根，易受风害。

应用：本种树干挺拔，叶形如扇，清姿优雅，宜对植、列植于庭前路边和建筑物旁，或高低错落群植于池边与庭园。

菖蒲科（Acoraceae）

172 菖蒲

学名：*Acorus calamus*
科属：菖蒲科菖蒲属
别名：泥菖蒲、野菖蒲、剑菖蒲

形态：多年生草本。根茎横走，稍扁，分枝，芳香，肉质根多数，具毛发状须根。叶基生，叶片剑状线形，长90～100cm，中部宽1～2cm，草质，绿色，光亮；中肋在两面均明显隆起。叶状佛焰苞剑状线形；肉穗花序斜向上或近直立，狭锥状圆柱形，长4.5～7cm，花黄绿色。花期5～6月。

分布：分布于我国南北各地。三垟湿地常见栽培。

习性：喜温暖湿润气候，喜光，不耐荫庇。喜湿，不耐干旱。对土壤要求不严。

应用：本种常配植于湿地水网，或点缀驳岸水际。有香气，可以供提取芳香油，是中国传统文化中可防疫驱邪的灵草，端午节有把菖蒲叶和艾捆一起插于檐下的习俗。根茎可供制香味料。

菖蒲科（Acoraceae）

173 石菖蒲

学名： *Acorus gramineus*
科属： 菖蒲科菖蒲属
别名： 九节菖蒲、山菖蒲、药菖蒲

形态： 多年生常绿草本。株高30～40cm。全株具香气，根状茎于地下匍匐横走。叶基生，线形，中肋不明显，有光泽。肉穗花序圆柱形，叶状佛焰苞长为肉穗花序的2～5倍。花两性，黄绿色。花期5～6月；果期7～8月。

分布： 分布于我国长江以南各地。生长在山涧溪流、河道浅水处。

习性： 喜温暖湿润气候；喜光，耐阴湿，耐寒，忌干旱。适应性强。

应用： 本种植株低矮，叶丛光亮，有芳香，园林中可作阴湿地花坛的镶边材料；可片植于林下作耐阴湿地被植物；也可在池塘边、水沟旁种植。

同属常见栽培应用的有金边石菖蒲（*Acorus gramineus* 'Variegatus'）：常绿多年生草本。株丛矮小，高约20cm，根状茎地下匍匐横走。叶条形，基生，无柄，叶片中有黄色条斑。花淡黄绿色。

鸭跖草科（Commelinaceae）

174 鸭跖草

学名：*Commelina communis*
科属：鸭跖草科鸭跖草属
别名：碧竹子、翠蝴蝶、淡竹叶

形态：一年生披散草本。茎匍匐生根，多分枝。叶披针形至卵状披针形。总苞片佛焰苞状，与叶对生，折叠状，展开后为心形；聚伞花序，下面一枝仅有花1朵；上面一枝具花3～4朵；花瓣深蓝色。蒴果椭圆形。花期6～10月。

分布：广布于全国各地。常见生于湿地。三垟湿地常见野生。

习性：喜温暖湿润气候，喜弱光，忌阳光暴晒。在全日照或半阴环境下都能生长，但过于荫庇易徒长。适应性强，对土壤要求不严，耐旱性强。

应用：本种干燥全草入药，具有清热泻火、解毒、利水消肿的功效。

雨久花科（Pontederiaceae）
175 梭鱼草

学名：*Pontederia cordata*
科属：雨久花科梭鱼草属
别名：海寿花

形态：多年生挺水或湿生草本。株高80～150cm。叶柄绿色，圆筒形，叶片较大，长可达25cm，宽可达15cm，深绿色，叶形多变，大部分为倒卵状披针形。穗状花序顶生，长5～20cm，小花密集在200朵以上，蓝紫色带黄斑点。花果期5～10月。

分布：原产于美洲热带和温带。我国有引种。三垟湿地内大量引种栽培。

习性：喜温暖湿润气候，喜全光照，不耐阴；喜肥、怕风；不耐寒。在静水及水流缓慢的水域中均可生长。

应用：本种叶色翠绿，花期较长，串串紫花在翠绿叶片的映衬下，别有一番情趣，适合栽植于河道两侧、池塘、人工湿地等，也可盆栽观赏。

灯芯草科（Juncaceae）

176 灯芯草

学名：*Juncus effusus*
科属：灯芯草科灯芯草属
别名：野席草、龙须草、灯草

形态：多年生常绿草本。茎簇生，高40～100cm，直径1.5～4mm。叶片退化呈刺芒状。花序假侧生，聚伞状，多花，密集或疏散；总苞片直立，长5～20cm；花长2～2.5mm，花被片6，条状披针形；蒴果矩圆状，3室，顶端钝或微凹，长约与花被等长或稍垂。种子褐色。花期5～6月；果期6～7月。

分布：主要分布于我国江苏、四川、云南、浙江、福建、贵州。生于湿地或沼泽边。

习性：喜温暖湿润气候，喜光，稍耐阴。适应性强，不择土壤。

应用：本种的干燥茎髓抽芯或晾干切碎入药，具有清心火、利小便的功效。适宜种于河边水际，也可布置花境等。全草可用于制作凉席。

阿福花科（Asphodelaceae）

177 大花萱草

学名：*Hemerocallis hybrida*
科属：阿福花科萱草属
别名：母亲花

形态：多年生草本。肉质根茎较短。叶基生，二列状，叶片线形。花莛粗壮，高40～60cm，花数朵簇生于花莛顶端；伞房花序顶生，花形喇叭状，花色丰富，常见栽培有大红色、粉红色、黄色、白色及复色等。花期6～7月。

分布：原产于我国南部地区，主要分布于秦岭南北坡。现园艺栽培品种极多。

习性：喜光，耐半阴。性强健，耐寒，耐干旱。不择土壤，但在深厚、肥沃、湿润、排水良好的沙质土壤上生长良好。

应用：本种可用来布置各式花坛、马路隔离带、疏林草坡等。也可片植于林缘作地被植物。亦可利用其矮生特性作地被植物。

246

百合科（Liliaceae）

178 山麦冬

学名：*Liriope spicata*
科属：百合科山麦冬属
别名：兰花三七

形态：多年生常绿草本，植株有时丛生。根稍粗，分枝多，近末端处常膨大成纺锤形的肉质小块根。根状茎短，具地下走茎。叶长25～60cm，宽4～8mm，上面深绿色，背面粉绿色，具5条脉，中脉比较明显。花葶通常长于或几等长于叶，花淡紫色或淡蓝色。花期6～7月；果期8～10月。

分布：广布于全国各地。生长于山坡、山谷林下、路旁或湿地。温州地区常见地被。

习性：喜温暖湿润的半阴环境，忌阳光暴晒。较耐寒，耐干旱与土壤贫瘠，不耐积水。

应用：本种叶线形流畅而飘逸，花色淡紫高雅，花期整体效果好，常片植作林下地被。

常见栽培应用的近似种有麦冬（*Ophiopogon japonicus*）：多年生常绿草本。根较粗，中间或近末端常膨大成椭圆形或纺锤形的小块根。茎很短。叶基生成丛，禾叶状，长10～50cm，宽1.5～4mm，具3～7条脉。花葶长6～15cm，通常比叶短得多，总状花序长2～5cm，具几朵至十几朵花。花期5～8月；果期8～9月。

石蒜科（Amaryllidaceae）

179 早花百子莲

学名：*Agapanthus africanus*
科属：百合科百子莲属
别名：百子兰、紫君子兰

形态：多年生球根草本。株高可达70cm。叶基生，叶片舌状带形，光滑近革质，浓绿色。花葶自叶丛中抽出，顶生聚伞花序，花钟状漏斗形，花色蓝色。种子色泽黑色，狭长。花期5～9月；果期8～10月。

分布：原产于南非。我国常见栽培。温州地区广泛栽培利用。

习性：喜温暖湿润和阳光充足的环境。稍耐阴、耐寒。喜疏松肥沃、排水良好的酸性土壤。

应用：本种可片植作为观花地被，亦可营造花海或配植于花境。可作新型切花品种，属于切花新秀。

石蒜科（Amaryllidaceae）
180 花朱顶红

学名： *Hippeastrum vittatum*
科属： 石蒜科朱顶红属
别名： 孤挺花、华胄兰

形态： 多年生草本。鳞茎大，球形，直径5~7.5cm。叶6~8枚，常花后抽出，鲜绿色，带形，长30~40cm。花茎高50~70cm；伞形花序，常有花3~6朵；佛焰苞状总苞片披针形；花被漏斗状，红色，中心及边缘有白色条纹。蒴果球形，3瓣开裂。种子扁平。花期春夏。

分布： 主要原产于美洲热带和亚热带。温州地区习见栽培。

习性： 要求温暖湿润气候，耐半阴，稍耐寒。喜疏松肥沃、富含腐殖质且排水良好的沙质壤土。

应用： 本种适合庭园丛植，也是布置花境的好材料，亦可盆栽和切花。

石蒜科（Amaryllidaceae）

181 石蒜

学名： *Lycoris radiata*
科属： 石蒜科石蒜属
别名： 红花石蒜

形态： 多年生球根花卉。鳞茎宽椭圆形或近球形，径2~4cm。秋季抽叶，叶深绿色，中间有粉绿色带，宽约0.5cm，钝头。伞形花序，5~7朵；花葶高30~60cm；花鲜红色，花被管短，裂片狭倒披针形，边缘皱缩，反卷；雄蕊比花被长1倍左右。花期8~9月；果期10~11月。

分布： 产于我国华东、华中、华南、西南等省区。野生于阴湿山坡和溪沟边。三垟湿地有引种栽培。

习性： 耐阴，也能在全光照下生长；喜湿润，也耐干旱；耐寒性强；耐轻度盐碱；耐贫瘠。在排水良好的土壤中生长健壮。花期无叶，阴湿处开花早，阳光直晒处开花晚，花期约1个月。花枯萎后抽叶，次年5月叶枯萎。

应用： 本种布置花境或用作林下地被；也可片植于草坪中、灌木丛边、林缘、角落、路旁等地。因开花前有段时间的观赏空白期且开花时无叶，所以应与其他地被植物混合种植，如麦冬类、吉祥草、葱兰、韭兰等。

石蒜科（Amaryllidaceae）
182 紫娇花

学名：*Tulbaghia violacea*
科属：石蒜科紫娇花属
别名：野蒜、非洲小百合

形态：多年生常绿草本。株高30～60cm，丛生状。具圆柱形小鳞茎。茎叶均含有韭味。顶生聚伞花序，有紫粉色小花10～15朵。花果期5～12月。

分布：原产于南非。我国长江流域广泛引种。温州地区常作地被栽培。

习性：喜温暖湿润气候，栽培以全日照、半日照为宜，荫蔽处开花不良或不开花。通常在排水良好的沙质壤土或壤土生长最佳。

应用：本种色彩娇妍，清新雅致，最适合庭院栽植或点缀花境，亦可盆栽观赏或作切花。

石蒜科（Amaryllidaceae）

183 葱莲

学名：*Zephyranthes candida*
科属：石蒜科葱莲属
别名：葱莲、玉帘、白花菖蒲莲

形态：多年生常绿草本。株高15～20cm。鳞茎卵圆形，颈部细长。叶基生，叶片线形，暗绿色。花莛自叶丛一侧抽出，花单生，花被片6，椭圆状披针形，白色，花梗藏于佛焰苞内。花期8～11月。

分布：原产于南美。我国各地有栽培应用。温州地区常见栽培。

习性：喜光照充足的温暖湿润环境，耐半阴，稍耐寒，不耐旱。在排水良好、肥沃的沙壤土中生长良好。常有毛健夜蛾危害。

应用：本种为耐阴湿观花观叶地被植物。可用于布置花坛、花境；丛植于草坪上或片置于分车带或林缘。园林绿化中常与韭兰混合种植以提高观赏价值。

石蒜科（Amaryllidaceae）
184 韭莲

学名：*Zephyranthes carinata*
科属：石蒜科葱莲属
别名：韭兰

形态：多年生草本，株高15～25cm。有地下鳞茎。叶较长，线形，扁平。花漏斗状，筒部显著，粉红色或玫瑰红色。花期5～9月。

分布：原产于南美。我国各地有栽培应用。温州地区常见栽培。

习性：喜光，耐半阴，耐寒性稍差。在排水良好、肥沃的沙壤土中生长良好。

应用：本种株丛低矮，终年常绿，花朵繁多，花期长。适用于林下边缘或半阴处作园林地被植物，也可作花坛、花径的镶边材料，在草坪中成丛散植，可组成缀花草坪，饶有野趣，也可盆栽供室内观赏。

鸢尾科（Iridaceae）

185 蝴蝶花

学名： *Iris japonica*
科属： 鸢尾科鸢尾属
别名： 日本鸢尾、兰花草、扁担叶

形态： 多年生常绿草本。根状茎可分为较粗的直立根状茎和纤细的横走根状茎。叶基生，暗绿色，有光泽。花茎直立，高于叶片，顶生稀疏总状聚伞花序，分枝5～12个；苞片叶状，3～5枚，宽披针形或卵圆形，其中包含有2～4朵花，花淡蓝色或蓝紫色。花期3～4月；果期5～6月。

分布： 原产于我国长江以南广大地区。生于山坡较荫庇而湿润的草地、疏林下或林缘草地。三垟湿地林下常见栽培。

习性： 喜温暖湿润及半阴的环境，耐寒，耐水湿。对土壤要求不严。

应用： 宜片植于疏林下作地被，亦可用于花境。中国民间草药，有消肿、解毒、止痛的功效。

鸢尾科（Iridaceae）

186 黄菖蒲

学名：*Iris pseudacorus*
科属：鸢尾科鸢尾属
别名：黄花鸢尾

形态：多年生常绿草本。株高60～100cm。叶片宽剑形，宽1.5～3cm，中脉明显。花茎有数个分枝，着花3～5朵，黄色，直径约10cm，外轮花被片基部有褐色斑纹。花期4～5月。

分布：原产于欧洲。我国各地广泛栽培应用。温州地区常见栽培于驳岸水体处。

习性：喜温暖水湿环境，耐寒性强。耐热，耐旱，极耐寒。喜生长在浅水及微酸性土壤中。在干旱、微碱性的土壤中也可生长，生态适应性广。

应用：本种常丛植于岸边水际或成片栽植在公园、风景区、水体的浅水处，可软化硬质景观，达到亭亭玉立、生机盎然的景观效果。

芭蕉科（Musaceae）

187 芭蕉

学名：*Musa basjoo*
科属：芭蕉科芭蕉属
别名：大芭蕉头、板蕉

形态：多年生草本。植株高可达4m。叶片长圆形，先端钝，叶面鲜绿色，有光泽；叶柄粗壮。花序顶生，下垂；苞片红褐色或紫色；雄花生于花序上部，雌花生于花序下部；离生花被片几与合生花被片等长，顶端具小尖头。浆果三棱状，长圆形，肉质，内具多数种子。花期6～7月；果期9～12月。

分布：原产于琉球群岛。中国台湾可能有野生，秦岭—淮河以南可以露地栽培，多栽培于庭园及农舍附近。

习性：喜温暖湿润的气候，喜光，稍耐阴。不甚耐寒，低于0℃易受冻害。喜深厚、疏松肥沃、排水良好的土壤。

应用：我国传统植物，常与孤独忧愁、离情别绪相联系，如《蕉窗夜雨》等。园林中常配植于庭院角隅，富有诗情画意。

姜科（Zingiberaceae）

188 温郁金

学名：*Curcuma wenyujin*
科属：姜科姜黄属
别名：黑郁金

形态：多年生草本。株高可达1m。根茎肉质，肥大，黄色，芳香；根端膨大呈纺锤状。叶基生，叶片长圆形，叶面无毛，叶背无毛。花莛单独由根茎抽出，穗状花序圆柱形，有花的苞片淡绿色，卵形，花莛被疏柔毛，花冠管漏斗形，喉部被毛，裂片长圆形，花冠裂片纯白色，唇瓣黄色，倒卵形。花期4~5月。

分布：分布于温州瑞安市。在三垟湿地作为特色经济作物有栽培。

习性：喜温暖湿润与阳光充足环境，不耐阴；不耐寒，不耐积水。喜深厚肥沃、富含腐殖质的沙质壤土。

应用：本种为温州瑞安市特产，中国国家地理标志产品。传统中药"浙八味"之一。其新鲜根茎切片称"片姜黄"，能行气破瘀、通经络，用于治疗风湿痹痛、跌打损伤等血瘀气滞的征候。煮熟晒干的根茎称"温莪术"，用于治疗月经不调、精神分裂症等。

美人蕉科（Cannaceae）
189 大花美人蕉

学名： *Canna × generalis*
科属： 美人蕉科美人蕉属
别名： 兰蕉、红艳蕉

形态： 多年生球根类花卉，为多种源杂交的栽培种。地下具肥壮多节的根状茎，地上假茎直立无分枝，株高1~1.5m，全身被白霜。叶大型，互生，呈长椭圆形，叶柄鞘状。顶生总状花序，常数朵至十数朵簇生在一起，花色丰富，有乳白、米黄、亮黄、橙黄、橘红、粉红、大红、红紫等多种。蒴果椭圆形，外被软刺。花期6~10月。

分布： 我国南北各地栽培极为普遍。温州地区常见栽培。

习性： 喜阳光充足和温暖湿润的环境条件，不耐寒，在华南亚热带地区为常绿植物。对土壤要求不严，但在土层深厚而疏松肥沃、通透性能良好的沙壤土中生长良好。

应用： 本种叶片翠绿，花朵艳丽，宜作花境背景或在花坛中心栽植，也可成丛或成带状种植在林缘、草地边缘。矮生品种可盆栽或作阳面斜坡地被植物。

同属常见栽培应用的有以下2种。

①金叶美人蕉（*Canna generalis* 'Striata'）：植株高50～80cm。有粗壮根状茎。叶宽椭圆形，互生，有明显的中脉和羽状侧脉，镶嵌着土黄、奶黄、绿黄诸色。顶生总状花序，花10朵左右，红色。

②紫叶美人蕉（*Canna warscewiezii*）：株高1m左右。茎叶均紫褐色。总苞褐色，花萼及花瓣均紫红色，唇瓣鲜红色。

中文名索引

A

桉 172

B

八角金盘 178
巴西野牡丹 173
芭蕉 258
白苞蒿 218
白背枫 190
白花败酱 215
白花泡桐 207
白兰 081
白英 206
柏木 028
半边莲 217
杯盖阴石蕨 002
笔管榕 051
笔筒树 005
薜荔 049

C

茶梅 161
长萼堇菜 164
菖蒲 239
池杉 026
重阳木 129
臭牡丹 198
垂柳 037
垂丝海棠 108
春鹃 180
椿叶花椒 126
葱莲 254

D

大花美人蕉 260
大花萱草 245
大吴风草 219
地肤 059
地锦 148
灯芯草 244
棣棠花 107
丁香蓼 176
东京樱花 105

E

鹅掌楸 078

F

粉单竹 229
风车草 236
枫香树 093
枫杨 040
蜂斗菜 220
凤尾竹 230
凤仙花 146

G

枸骨 138
构树 046
菰 235
桂花 188

H

海金沙 004
海州常山 199
含笑花 083
合欢 117
何首乌 056
荷花 067
荷花玉兰 080
红花檵木 095
红蓼 058
狐尾藻 177
槲蕨 003
蝴蝶花 256
花朱顶红 251
黄菖蒲 257
黄花水龙 175
黄山栾树 143
活血丹 201
火棘 116
火炭母 057

J

鸡爪槭 140
蕺菜 035
夹竹桃 193
金边瑞香 166
金钱松 021
金荞麦 055
金丝桃 163
韭莲 255
榉树 045

K

壳菜果 096
苦槠 042

中文名索引

阔叶十大功劳 ……………………073

L

蜡梅 ……………………………088
蓝花草 …………………………210
榔榆 ……………………………044
乐昌含笑 ………………………082
楝 ………………………………127
凌霄 ……………………………208
芦苇 ……………………………234
芦竹 ……………………………226
罗汉松 …………………………029
萝藦 ……………………………196
络石 ……………………………195
落羽杉 …………………………024

M

马𤩽儿 …………………………216
马齿苋 …………………………064
芒 ………………………………232
毛茛 ……………………………071
毛麻楝 …………………………128
梅花 ……………………………102
美人梅 …………………………112
木防己 …………………………077
木芙蓉 …………………………153
木槿 ……………………………154
木油桐 …………………………134

N

南方红豆杉 ……………………031
南天竹 …………………………076
南洋杉 …………………………015
牛膝 ……………………………060
女贞 ……………………………186

O

瓯柑 ……………………………125
欧菱 ……………………………174

P

枇杷 ……………………………106
蒲苇 ……………………………231
朴树 ……………………………043

Q

千屈菜 …………………………168
青葙 ……………………………061

R

忍冬 ……………………………214
日本晚樱 ………………………104
日本五针松 ……………………019

S

三白草 …………………………036
山茶 ……………………………158
山麦冬 …………………………247
湿地松 …………………………018
十大功劳 ………………………074
石菖蒲 …………………………240
石榴 ……………………………170
石楠 ……………………………110
石蒜 ……………………………252
石竹 ……………………………066
柿 ………………………………184
水葱 ……………………………237
水芹 ……………………………179
水杉 ……………………………022
水苏 ……………………………205
睡莲 ……………………………069

苏铁 ……………………………010
酸枣 ……………………………147
算盘子 …………………………130
梭鱼草 …………………………243

T

桃花 ……………………………098
天竺桂 …………………………091
田麻 ……………………………152
秃瓣杜英 ………………………150
土人参 …………………………065

W

温郁金 …………………………259
乌桕 ……………………………131
无柄小叶榕 ……………………047
无患子 …………………………144
梧桐 ……………………………156
蜈蚣草 …………………………007

X

西府海棠 ………………………109
喜树 ……………………………171
夏鹃 ……………………………181
香蒲 ……………………………222
小蜡 ……………………………187
小野芝麻 ………………………200
荇菜 ……………………………192
旋花 ……………………………197
雪松 ……………………………016

Y

鸭跖草 …………………………242
盐肤木 …………………………136
羊蹄甲 …………………………118

杨梅 ……………………038	**Z**	紫苏 ……………………204
野慈姑 …………………225	早花百子莲 ……………250	紫藤 ……………………123
野大豆 …………………122	泽珍珠菜 ………………183	紫薇 ……………………167
野芝麻 …………………202	樟 ………………………090	紫叶李 …………………114
异叶南洋杉 ……………013	栀子 ……………………211	紫玉兰 …………………086
益母草 …………………203	诸葛菜 …………………092	棕榈 ……………………238
银桦 ……………………054	硃砂根 …………………182	菹草 ……………………224
银杏 ……………………011	苎麻 ……………………053	醉鱼草 …………………191
油桐 ……………………133	紫娇花 …………………253	
柚 ………………………124	紫荆 ……………………120	
玉兰 ……………………084	紫茉莉 …………………062	

学名索引

A

Acer palmatum ·············140
Achyranthes bidentata ·············060
Acorus calamus ·············239
Acorus gramineus ·············240
Agapanthus africanus ·············250
Albizia julibrissin ·············117
Amygdalus persica ·············098
Araucaria cunninghamii ·············015
Araucaria heterophylla ·············013
Ardisia crenata ·············182
Armeniaca mume ·············102
Artemisia lactiflora ·············218
Arundo donax ·············226

B

Bambusa chungii ·············229
Bambusa multiplex f. *fernleaf* ·············230
Bauhinia purpurea ·············118
Bischofia polycarpa ·············129
Boehmeria nivea ·············053
Broussonetia papyrifera ·············046
Buddleja asiatica ·············190
Buddleja lindleyana ·············191

C

Calystegia sepium ·············197
Camellia japonica ·············158
Camellia sasanqua ·············161
Campsis grandiflora ·············208
Camptotheca acuminata ·············171
Canna × *generalis* ·············260
Castanopsis sclerophylla ·············042
Cedrus deodara ·············016
Celosia argentea ·············061
Celtis sinensis ·············043
Cerasus serrulata var. *lannesiana* ·············104
Cerasus yedoensis ·············105
Cercis chinensis ·············120
Chimonanthus praecox ·············088
Chukrasia tabularis var. *velutina* ·············128
Cinnamomum camphora ·············090
Cinnamomum japonicum ·············091
Citrus maxima ·············124
Citrus reticulata 'Suavissima' ·············125
Clerodendrum bungei ·············198
Clerodendrum trichotomum ·············199
Cocculus orbiculatus ·············077
Commelina communis ·············242
Corchoropsis crenata ·············152
Cortaderia selloana ·············231
Cupressus funebris ·············028
Curcuma wenyujin ·············259
Cycas revoluta ·············010
Cyperus involucratus ·············236

D

Daphne odora f. *marginata* ·············166
Dianthus chinensis ·············066
Diospyros kaki ·············184
Drynaria roosii ·············003

E

Elaeocarpus glabripetalus ·············150
Eriobotrya japonica ·············106
Eucalyptus robusta ·············172

F

Fagopyrum dibotrys 055
Fallopia multiflora 056
Farfugium japonicum 219
Fatsia japonica 178
Ficus concinna var. *subsessilis* 047
Ficus pumila 049
Ficus subpisocarpa 051
Firmiana simplex 156

G

Galeobdolon chinense 200
Gardenia jasminoides 211
Ginkgo biloba 011
Glechoma longituba 201
Glochidion puberum 130
Glycine soja 122
Grevillea robusta 054

H

Hemerocallis hybrida 245
Hibiscus mutabilis 153
Hibiscus syriacus 154
Hippeastrum vittatum 251
Houttuynia cordata 035
Humata tyermanni 002
Hypericum monogynum 163

I

Ilex cornuta 138
Impatiens balsamina 146
Iris japonica 256
Iris pseudacorus 257

J

Juncus effusus 244

K

Kerria japonica 107
Kochia scoparia 059
Koelreuteria bipinnata 143

L

Lagerstroemia indica 167
Lamium barbatum 202
Leonurus japonicus 203
Ligustrum lucidum 186
Ligustrum sinense 187
Liquidambar formosana 093
Liriodendron chinense 078
Liriope spicata 247
Lobelia chinensis 217
Lonicera japonica 214
Loropetalum chinense var. *rubrum* 095
Ludwigia peploides subsp. *stipulacea* 175
Ludwigia prostrata 176
Lycoris radiata 252
Lygodium japonicum 004
Lysimachia candida 183
Lythrum salicaria 168

M

Magnolia grandiflora 080
Mahonia bealei 073
Mahonia fortunei 074
Malus × *micromalus* 109
Malus halliana 108
Melia azedarach 127
Metaplexis japonica 196
Metasequoia glyptostroboides 022
Michelia alba 081
Michelia chapensis 082
Michelia figo 083

Mirabilis jalapa ··062
Miscanthus sinensis ··232
Musa basjoo ···258
Myrica rubra ···038
Myriophyllum verticillatum ·································177
Mytilaria laosensis ··096

N

Nandina domestica ···076
Nelumbo nucifera ··067
Nerium indicum ···193
Nymphaea tetragona ···069
Nymphoides peltata ··192

O

Oenanthe javanica ··179
Orychophragmus violaceus ··································092
Osmanthus fragrans ··188

P

Parthenocissus tricuspidata ································148
Patrinia villosa ···215
Paulownia fortunei ···207
Perilla frutescens ··204
Petasites japonicus ··220
Photinia serratifolia ···110
Phragmites australis ···234
Pinus elliottii ···018
Pinus parviflora ··019
Podocarpus macrophyllus ···································029
Polygonum chinense ···057
Polygonum orientale ···058
Pontederia cordata ···243
Portulaca oleracea ···064
Potamogeton crispus ··224
Prunus × blireana ··112

Prunus cerasifera f. *atropurpurea* ·······················114
Pseudolarix amabilis ···021
Pteris vittata ··007
Pterocarya stenoptera ·······································040
Punica granatum ··170
Pyracantha fortuneana ·······································116

R

Ranunculus japonicus ··071
Rhododendron × pulchrum ··································180
Rhododendron indicum ······································181
Rhus chinensis ··136
Ruellia brittoniana ···210

S

Sagittaria trifolia ···225
Salix babylonica ··037
Sapindus mukorossi ··144
Saururus chinensis ···036
Schoenoplectus tabernaemontani ··························237
Solanum lyratum ··206
Sphaeropteris lepifera ·······································005
Stachys japonica ···205

T

Talinum paniculatum ···065
Taxodium distichum var. *Imbricatum* ·····················026
Taxodium distichum ··024
Taxus wallichiana var. *mairei* ······························031
Tibouchina semidecandra ···································173
Trachelospermum jasminoides ·····························195
Trachycarpus fortunei ·······································238
Trapa natans ··174
Triadica sebifera ···131
Tulbaghia violacea ···253
Typha orientalis ··222

U

Ulmus parvifolia ···044

V

Vernicia fordii ···133

Vernicia montana ··134

Viola inconspicua ··164

W

Wisteria sinensis ···123

Y

Yulania denudata ··084

Yulania liliiflora ··086

Z

Zanthoxylum ailanthoides ·····································126

Zehneria japonica ··216

Zelkova serrata ···045

Zephyranthes candida ··254

Zephyranthes carinata ··255

Zizania latifolia ···235

Ziziphus jujuba var. *spinosa* ··································147